新编畜禽饲养员培训教程系列丛书

新编蛋鸡饲养员培训教程

◎ 李连任　主编

U0349269

中国农业科学技术出版社

图书在版编目（CIP）数据

新编蛋鸡饲养员培训教程 / 李连任主编 . —北京：中国农业科学技术出版社，2017.9
ISBN 978-7-5116-3192-3

Ⅰ . ①新…　Ⅱ . ①李…　Ⅲ . ①卵用鸡—饲养管理—技术培训—教材　Ⅳ . ① S831.4

中国版本图书馆 CIP 数据核字（2017）第 181576 号

责任编辑　张国锋
责任校对　马广洋

出 版 者　中国农业科学技术出版社
北京市中关村南大街 12 号　邮编：100081
电　　话　（010）82106636（编辑室）（010）82109702（发行部）
（010）82109709（读者服务部）
传　　真　（010）82106631
网　　址　http://www.castp.cn
经 销 者　各地新华书店
印 刷 者　北京富泰印刷有限责任公司
开　　本　880mm × 1 230mm　1/32
印　　张　6.5
字　　数　194 千字
版　　次　2017 年 9 月第 1 版　2017 年 9 月第 1 次印刷
定　　价　28.00 元

版权所有 · 侵权必究

编写人员名单

主　　编　李连任

副 主 编　张凤仁　朱　琳

编写人员　李连任　张凤仁　卢纪忠　卢冠滔

李　童　李长强　徐从军　朱　琳

李升涛　郭长城　庄桂玉　侯和菊

前言

进入21世纪，畜禽养殖业集约化程度越来越高，设施越来越先进，饲料营养水平越来越科学。通过多年不断从国外引进种畜禽良种和选育、扩繁、推广，我国主要种畜禽遗传性能得到显著改善。但是，由饲养管理和疫病问题导致优良畜禽良种生产潜力得不到充分发挥，养殖效益滑坡甚至亏损的情形常有发生。因此，对处在生产一线的饲养员的要求越来越高。

但是，一般的畜禽场，即使是比较先进的大型养殖场，因为防疫等方面的需要，多处在比较偏僻的地段，交通不太方便，对饲养员的外出也有一定限制，生活枯燥、寂寞；加上饲养员工作环境相对比较脏，劳动强度大，年轻人、高学历的人不太愿意从事这个行业，因此，从事畜禽饲养员工作的以中年人居多，且流动性大，专业素质相对较低。因此，编者从实用性和可操作性出发，用通俗的语言，编写一本技术先进实用、操作简单可行，适合基层饲养员学习参考的教材，是畜禽养殖从业者的共同心声。

正是基于这种考虑，我们组织农业科研院所专家学者、职业院校教授和常年工作在畜禽生产一线的技术服务人员，从各种畜禽饲养员的岗位职责和素质要求入手，就品种与繁殖利用，营养与饲料，饲养管理，疾病综合防制措施等方面的内容，介绍了现代畜禽生产过程中的新理念、新技术、新方法。每个章节都给读者设计了知识目标和技能要求；在为培训人员设置的技能训练项目中，提出了具体的目的要求、训练条件、操作方法和考核标准；为饲养员设计了思考与练习题目，方便培训时使用。

本书可作为基层养殖场培训饲养员的专用教材或中小型养殖场、各类养殖专业合作社工作人员及农村养殖专业户自学使用，亦可供农业大中专院校相关专业师生阅读参考。

由于作者水平有限，书中难免存在纰缪。对书中不妥、错误之处，恳请广大读者不吝指正。

编　者

2017年5月

目 录

第一章　蛋鸡的育雏

知识目标

1. 了解雏鸡的生理特点。
2. 了解育雏方式及特点。
3. 掌握雏鸡饲养管理技术操作规程。

技能要求

1. 能正确识别蛋鸡品种。
2. 能充分做好进雏前的各项准备工作。
3. 会给雏鸡饮水、开食，能正确饲养雏鸡。
4. 会进行雏鸡舍内环境调控，能正确管理雏鸡。
5. 能给雏鸡进行正确断喙。

雏鸡通常是指从出壳到6周龄的幼鸡。雏鸡的养育是蛋鸡生产中的重要一环。育雏工作的好坏，不仅影响雏鸡的生长发育和成活率，也影响到产蛋期生产性能的发挥，而且还影响鸡群的更新和生产计划的完成。因此，必须重视和搞好育雏期的饲养管理工作。

第一节　蛋鸡的主要品种

现代化养鸡业远非传统的养鸡业所能比拟。其特点是：在人为控制的环境下，舍内高密度笼养代替了传统的散放饲养，喂给全价的配合饲料，像工厂的机器生产产品一样，把鸡当作活的机器，为人类生产蛋和肉，因而称为工厂化养鸡；经营上，实行专业化、配套化生产，也就是各部门单独经营，专门化生产，各得其益，互相配合，形成一个有机的整体，这样有利于提高技术，方便管理，降低生产成本，获得高的经济效益；生产管理过程实行机械化、自动化，缓解了工人繁重的手工劳动，因而大大地提高了劳动生产率；鸡的饲料营养从单一化过渡到按鸡的营养需要实行全价饲料饲养，从而使鸡的遗传潜力得到充分发挥；商品鸡由纯种或杂交乱配的杂种转向普遍推广品系配套的适于集约化条件下高产、稳产、低耗料、生活力好的商品杂交鸡，并使产品规格化；在鸡的保健上，由过去听天由命的状态，走向实行严格的科学的防疫消毒制度管理，从而保证鸡只顺利地渡过整个生产周期，有效地为人类生产产品。可以肯定地说，家禽育种家们在现代化养鸡业中做出了重大的贡献，培育和选育出了许多高产的鸡种。品种是蛋鸡高产的基础，没有这些优良的鸡种，也就没有集约化的养禽业出现。

一、褐壳蛋鸡

由于育种的进展，褐壳蛋鸡由肉蛋兼用型向蛋用型发展，近年来在世界范围内有增长的趋势。一方面是消费者对褐壳蛋的喜爱，另一方面是由于产蛋量有了长足的提高。褐壳蛋鸡还有下列优点：蛋重大、刚开产就比白壳蛋重；蛋的破损率较低，适于运输和保存；鸡的性情温顺，对应激因素的敏感性较低，好管理；体重较大，产肉量较高，商品代小公鸡生长较快，是鸡肉的补充来源；耐寒性好，冬季产蛋率较平稳；啄癖少，因而死亡、淘汰率较低；杂交鸡可以羽色自别雌雄。但褐壳蛋鸡体重较大，采食量比白色鸡多 5~6 克 / 天，每只鸡所占面积比白色鸡多 15% 左右，单位面积产蛋少 5%~7%；这种鸡有偏肥的倾向，饲养难度比白鸡大，特别是必须实行限制饲养，否则过肥影响产蛋性能；体型大，耐热性较差；蛋中血斑和肉斑率高，观感不太好。

（一）海兰褐

海兰褐（图 1–1）是由美国海兰公司培育的品种，该品种适合我国各个地方饲养，具有育雏成活率高、饲料报酬高、产蛋多等特点。

图 1–1　海兰褐

商品代生产性能：18 周龄成活率为 96%~98%，体重为 1.50~1.65 千克，80 周龄产蛋数为 344 枚（表 1–1）。

表 1–1　海兰褐商品蛋鸡主要生产性能

项目	指标
生长期成活率（17 周）	97%
生长期期末体重	1.41 千克
生长期饲料消耗	5.62 千克
50% 产蛋率天数	140 天
高峰产蛋率	94%~96%
80 周龄入舍鸡产蛋数	354~361 枚
80 周龄入舍鸡产蛋重	22.0 千克
平均日消耗饲料（18~80 周）	107 克 / 只
饲料转化率（20~60 周）	1.99 千克饲料 / 千克蛋
70 周龄体重	1.97 千克

（二）伊莎褐

伊莎褐（图 1–2）是由法国伊萨公司培育的一个高产蛋鸡品种，该品种母鸡羽毛为褐色带有少量白斑，体型中等，耐病性强，在我国各地均有饲养。

图 1–2　伊莎褐

商品代伊莎褐蛋鸡入舍母鸡产蛋量为 308 枚，高峰期产蛋率为 92%（表 1–2）。

表 1–2　伊莎褐商品蛋鸡主要生产性能

项目	指标
生长期成活率（17 周）	96%
生长期期末体重	1.47 千克
生长期饲料消耗	6.0 千克
50% 产蛋率天数	145 天
高峰产蛋率	92%~96%
80 周龄入舍鸡产蛋数	355 枚
80 周龄入舍鸡产蛋重	23.2 千克
平均日消耗饲料（18~80 周）	109 克 / 只
饲料转化率（20~60 周）	1.96 千克饲料 / 千克蛋
70 周龄体重	1.94 千克

（三）罗曼褐

罗曼褐壳蛋鸡（图 1–3）由德国罗曼公司培育而成，具有适应性强，耗料少，成活率、产蛋率高等优点，而且耐热、安静，在我国各个地区均有饲养。

图 1–3　罗曼褐

商品代罗曼蛋鸡主要生产性能：18 周龄成活率高 98%，产蛋期成活率为 94.6%，其他性能见表 1–3。

表 1–3　罗曼褐壳商品蛋鸡主要生产性能

项目	指标
生长期成活率（17 周）	98%
生长期期末体重	1.44 千克
生长期饲料消耗	5.70~5.80 千克
50% 产蛋率天数	145~150 天
高峰产蛋率	92%~94%
80 周龄入舍鸡产蛋数	354 枚
80 周龄入舍鸡产蛋重	22.6 千克
平均日消耗饲料（18~80 周）	112 克 / 只
饲料转化率（20~60 周）	2.0~2.2 千克饲料 / 千克蛋
70 周龄体重	2.25 千克

（四）迪卡褐

迪卡褐（图 1–4）是美国迪卡布公司育成的四系配套杂交鸡。父本两系均为褐羽，母本两系均为白羽。商品代雏鸡可用羽色自别雌雄：公雏白羽，母雏褐羽。据该公司的资料，商品代蛋鸡：20 周龄体重 1.65 千克；0~20 周龄育成率 97%~98%；24~25 周龄达 50% 产蛋率；高峰产蛋率达 90%~95%，90% 以上的产蛋率可维持 12 周，78 周龄产蛋量为 285~310 个，蛋重 63.5~64.5 克，总蛋重 18~19.9 千克，每千克蛋耗料 2.58 千克；产蛋期存活率 90%~95%。据欧洲家禽测定站的平均资料：72 周龄产蛋量 273 个，平均蛋重 62.9 克，总蛋重 17.2 千克，每千克蛋耗料 2.56 千克；产蛋期死亡率 5.9%。

图 1–4　迪卡褐

图 1–5　罗斯褐

（五）罗斯褐

罗斯褐（图 1–5）为英国罗斯公司育成的四系配套杂交鸡。父本两系褐羽，母本两系白羽，商品代雏鸡可根据羽色自别雌雄。据罗斯公司的资料，罗斯褐商品代鸡：0~18 周龄总耗料 7 千克，19~76 周龄总耗料 45.7 千克；18 周龄体重 1.38 千克，76 周龄体重 2.2 千克；25~27 周龄产蛋高峰，72 周龄入舍鸡产蛋量 280 个，76 周龄产蛋量 298 个，平均蛋重 61.7 克，每千克蛋耗料 2.35 千克。北京市进行的蛋鸡攻关生产性能统一测定中，罗斯褐商品鸡 72 周龄产蛋量 271.4

个，平均蛋重 63.6 克，总蛋重 17.25 千克，每千克蛋耗料 2.46 千克；0~20 周龄育成率 99.1%，产蛋期死亡淘汰率 10.4%。

（六）农大褐

农大褐（图 1–6）是我国北京农业大学以引进的素材为基础，利用合成系育种法育成的四系配套杂交鸡。它是“七五”国家蛋鸡育种攻关的成果。父本两系均为红褐色，母本两系均为白色。其特点是父母代和商品代雏鸡都可用羽色自别雌雄。商品代母鸡产蛋性能高，适应性强，饲料报酬高，是目前国内选育的褐壳蛋鸡中最优秀的配套系。0~20 周龄育成率 96.7%；20 周龄鸡的体重 1.53 千克；163 日龄达 50% 产蛋率，72 周龄产蛋量 278.2 个，平均蛋重 62.85 克，总蛋重 16.65 千克，每千克蛋耗料 2.31 千克；产蛋期末体重 2.09 千克；产蛋期存活率 91.3%。

图 1–6　农大褐

（七）B–6 鸡

B–6 鸡是国内选育的唯一黑羽的褐壳蛋鸡，是中国农业科学院畜牧研究所育成的两系配套杂交鸡，用引进的素材通过封闭群家系选育方法育成的。父本羽色红褐，母本鸡为斑纹洛克，俗称芦花鸡，商品代鸡可用羽色自别雌雄：公鸡绒毛黑色，头顶上有一白色的亮斑，母雏绒毛也是黑色，但头顶上没有黑色亮斑。公雏长大后羽毛呈杂色的斑纹，母雏长大后羽毛变成黑色或麻黑、麻黄色。

其主要生产性能为：0~20 周龄育成率 93.5%；20 周龄体重 1.68

千克；155 日龄达 50% 产蛋率，72 周龄产蛋量 274.6 个，平均蛋重 58.28 克，总蛋重 16.01 千克，每千克蛋耗料 2.54 千克；产蛋期末体重 2.1 千克；产蛋期存活率 82.7%。该鸡种体型偏大，蛋重偏小。公鸡带有色羽毛，生长快，肉质好，很受养殖者欢迎。

商品代褐壳蛋鸡生产性能指标比较见表 1–4。

表 1–4 商品代褐壳蛋鸡生产性能指标

	生产性能		海兰褐	新罗曼	海赛克斯	高兰
生长期	18 周成活率（%）		96~98	95~98	95~98	95~98
	饲料消耗（千克）		6.57	6	6.5	6.3
	18 周龄体重（千克）		1.55	1.42	1.5	1.45
产蛋期	高峰产蛋率（%）		94~96	94~96	94~96	94~96
	50% 产蛋率日龄		146	145	150	151
	蛋重（克）	32 周	62.3	60.1	61.4	61.1
		70 周	66.9	65.1	66.5	65.5
	至 72 周龄产蛋总重（千克）		22.6	22.1	22.5	22.3
	日耗料（克）		114	110	115	112
	蛋料比（21~72 周）		2.3	2.25	2.28	2.26
	至产蛋末期存活率（%）		94	95	94	95

二、白壳蛋鸡

主要是以来航品种为基础育成的，是蛋用型鸡的典型代表。

白壳蛋鸡开产早，产蛋量高；无就巢性；体积小，耗料少，产蛋的饲料报酬高；单位面积的饲养密度高，相对来讲，单位面积所得的总产蛋数多；适应性强，各种气候条件下均可饲养；蛋中血斑和肉斑率很低。这种鸡最适于集约化笼养管理。它的不足之处是蛋重小，神经质，胆小怕人，抗应激性较差；好动爱飞，平养条件下需设置较高的围栏；啄癖多，特别是开产初期啄肛造成的伤亡率较高。

（一）京白 904

京白 904（图 1–7）为三系配套。它是我国北京市种禽公司育成的北京白鸡系列中目前产蛋性能最佳的配套杂交鸡。父本为单系，母本两个系。这种杂交鸡的突出特点是早熟、高产、蛋大、生命力强、饲料报酬高。在“七五”国家蛋鸡攻关生产性能随机抽样测定中，京白 904 的产蛋成绩名列前茅，甚至超过引进的巴布可克 B-300 的生产性能，是目前国内最好的鸡种。

图 1-7 京白 904

图 1-8 京白 938

经测定，其主要生产性能为：0~20 周龄育成率 92.17%；20 周龄体重 1.49 千克；群体 150 日龄开产（产蛋率达 50%），72 周龄产蛋数 288.5 个，平均蛋重 59.01 克，总蛋重 17.02 千克；每千克蛋耗料 2.33 千克；产蛋期存活率 88.6%；产蛋期末体重 2 千克。京白 904 最适合于密闭鸡舍饲养，在开放式鸡舍饲养时，产蛋性能发挥就略差一些。

（二）京白 938

京白 938（图 1-8）是我国北京市种禽公司的科技人员为实现白壳蛋鸡羽速自别雌雄，减少翻肛鉴别公母带来的不利影响和费用，在原有京白 823 和 904 配套纯系的基础上，进行快羽和慢羽的选育。经多批次几十个组合的测定，最后筛选出可通过羽速自别雌雄的、品系配套的 938 高产白壳蛋鸡。

其主要生产性能指标是：20 周龄育成率 94.4%；20 周龄体重 1.19 千克；21~72 周饲养日产蛋 303 个，平均蛋重 59.4 克，总蛋重 18 千克；产蛋期存活率 90%~93%。目前已成为公司的白鸡重点鸡种，逐步取代京白 823 和京白 904。

（三）滨白 42

滨白 42 是我国东北农学院利用引进素材育成的两系配套杂交鸡，是目前滨白鸡系列中产蛋性能最好、推广数量最多、分布最广的高产蛋鸡。

在“六五”国家蛋鸡攻关生产性能主要指标随机抽样中测定的结果为：0~20 周龄育成率 96.9%；20 周龄体重 1.49 千克；160 日龄达 50% 产蛋率；72 周龄产蛋量 257.2 个，平均蛋重 58 克，总蛋重 14.92 千克，每千克蛋耗料 2.72 千克；产蛋期末体重 1.96 千克；产蛋期存活率 85.3%。本品种适应东北地区的寒冷气候，关内也有分布，但数量不多。

（四）滨白 584

我国东北农业大学的专家从 1986 年起，引进海赛克斯白父母代作育种素材，与原有滨白鸡纯系进行杂交组合品系选育，经过 6 年的工作，1992 年筛选出品系配套的滨白 584 高产蛋鸡。

其主要生产性能指标为：72 周龄饲养日产蛋量 281.1 个，平均蛋重 59.86 克，总蛋重 16.83 千克，蛋料比 1∶2.53，产蛋期存活率 91.1%。目前在生产中滨白 584 已代替了滨白 42，得到大规模推广，主要分布在黑龙江省境内。

（五）星杂 288

该杂交鸡是由加拿大雪佛公司育成的。星杂 288 早先为三系配套，目前为四系配套。该品种过去是誉满全球的白壳蛋鸡，世界上有 90 多个国家和地区饲养。该品种的产蛋遗传潜力为 300 个，雪佛公司保证入舍鸡产蛋量 260~285 个，20 周龄体重 1.25~1.35 千克，产蛋期末体重 1.75~1.95 千克，0~20 周龄育成率 95%~98%，产蛋期存活率 91%~94%。据比利时、法国、德国、瑞典和英国的测定，生产性能平均为：72 周龄产蛋量 270.6 个，平均蛋重 60.4 克，每千克蛋耗料 2.5 千克，产蛋期存活率 92%。

（六）海赛克斯白

该鸡系荷兰优利布里德公司育成的四系配套杂交鸡。以产蛋强度高、蛋重大而著称，被认为是当代最高产的白壳蛋鸡之一。

该鸡种 135~140 日龄见蛋，160 日龄达 50% 产蛋率，210~220

日龄产蛋高峰就超过 90% 以上，总蛋重 16~17 千克。据英国、瑞典、德国、比利时、奥地利等国测定，平均资料为：72 周龄产蛋量 274.1 个，平均蛋重 60.4 克，每千克蛋耗料 2.6 千克；产蛋期存活率 92.5%。

（七）巴布可克 B-300

该鸡系美国巴布可克公司育成的四系配套杂交鸡。世界上有 70 多个国家和地区饲养，其分布范围仅次于星杂 288。

该鸡的特点是产蛋量高，蛋重适中，饲料报酬高。商品鸡 0~20 周龄育成率 97%，产蛋期存活率 90%~94%，72 周龄入舍鸡产蛋量 275 个，饲养日产蛋量 283 个，平均蛋重 61 克，总蛋重 16.79 千克，每千克蛋耗料 2.5~2.6 千克，产蛋期末体重 1.6~1.7 千克。参加“七五”蛋鸡攻关生产性能主要指标随机抽样测定的结果为：0~20 周龄育成率 88.7%；20 周龄体重 1.46 千克；72 周龄产蛋量 285 个，平均蛋重 58.96 克，总蛋重 16.8 千克，每千克蛋耗料 2.29 千克，产蛋期末体重 1.96 千克，产蛋期存活率 85.1%。

（八）罗曼白

罗曼白系德国罗曼公司育成的两系配套杂交鸡，即精选罗曼 SLS。由于其产蛋量高，蛋重大，受到了人们的青睐。

罗曼白商品代鸡 0~20 周龄育成率 96%~98%；20 周龄体重 1.3~1.35 千克；150~155 日龄达 50% 产蛋率，高峰产蛋率 92%~94%，72 周龄产蛋量 290~300 个，平均蛋重 62~63 克，总蛋重 18~19 千克，每千克蛋耗料 2.3~2.4 千克；产蛋期末体重 1.75~1.85 千克；产蛋期存活率 94%~96%。

（九）海兰 W-36

该鸡系美国海兰国际公司育成的配套杂交鸡。海兰 W-36 商品代鸡 0~18 周龄育成率 97%，平均体重 1.28 千克；161 日龄达 50% 产蛋率，高峰产蛋率 91%~94%，32 周龄平均蛋重 56.7 克，70 周龄平均蛋重 64.8 克，80 周龄入舍鸡产蛋量 294~315 个，饲养日产蛋量 305~325 个；产蛋期存活率 90%~94%。海兰 W-36 雏鸡可通过羽速自别雌雄。

（十）迪卡白

迪卡白系美国迪卡布公司育成的配套杂交鸡。据测定，本品种500日龄产蛋299.5个，平均蛋重61.1克，总蛋重18.26千克，每千克蛋耗料2.4千克；产蛋期存活率97.9%。

三、粉壳蛋鸡

粉壳蛋鸡是由洛岛红品种与白来航品种间正交或反交所产生的杂种鸡，其蛋壳颜色介于褐壳蛋与白壳蛋之间，呈浅褐色，严格地说属于褐壳蛋，国内群众都称其为粉壳蛋，也就约定成俗了。其羽色以白色为背景，有黄、黑、灰等杂色羽斑，与褐壳蛋鸡又不相同。因此，就将其分成粉壳蛋鸡一类。因蛋壳颜色与我国地方鸡种的蛋壳颜色接近，其产品多以“土鸡蛋”“草鸡蛋”出售，利润空间大，因此近些年来粉壳蛋鸡发展迅速。

（一）星杂444

它是加拿大雪佛公司育成的三系配套杂交鸡。据雪佛公司的资料，其72周龄产蛋量265~280个，平均蛋重61~63克，每千克蛋耗料2.45~2.7千克。据1988—1989年德国随机抽样测定结果，其生产性能为：500日龄入舍鸡产蛋量276~279个，平均蛋重63.2~64.6克，总蛋重17.66~17.8千克，每千克蛋耗料2.52~2.53千克；产蛋期存活率91.3%~92.7%。

（二）农昌2号

它是我国北京农业大学育成的两系配套杂交鸡，父系为白来航品系，母系为红褐羽的合成系。商品雏可通过羽速自别雌雄。生产性能主要指标随机抽样测定结果为：0~20周龄育成率90.2%；开产体重1.49千克；161日龄达50%产蛋率，72周龄产蛋量255.1个，平均蛋重59.8克，总蛋重15.25千克，每千克蛋耗料2.55千克；产蛋期末体重2.07千克；产蛋期存活率87.8%。在4 051只鸡中试测定结果为：72周龄产蛋量250.9个。平均蛋重58.2克，总蛋重14.6千克，每千克蛋耗料2.7千克。

（三）B-4鸡

它是由中国农业科学院畜牧研究所以星杂444为素材育成的两系

配套杂交鸡。父系为洛岛红品种，母系为白来航品种。该杂交鸡羽色灰白带有褐色或黑色羽斑，其生产性能随机抽样测定结果为：0~20周龄育成率93.4%；开产体重1.78千克；165日龄达50%产蛋率，72周龄产蛋254.3个，平均蛋重59.6克，总蛋重15.16千克，料蛋比2.75∶1；产蛋期末存活率82.9%。据5 541只B–4鸡中间试验测定结果：165日龄达50%产蛋量内，80%以上产蛋高峰期157天，72周龄产蛋265.1个，平均蛋重59.4克，总蛋重15.73千克，料蛋比2.53∶1；产蛋期末体重1.86千克。几年来的实践证明，B–4鸡以抗病力强、适应性好、高产等表现而著称，饲养数量不断增加，覆盖面越来越大。羽速自别雌雄的B–4杂交鸡已于1995年问世，使该品种更突出其特点。

（四）新型B–4鸡

它是中国农业科学院畜牧研究所在原B–4鸡的基础上经过几年选育，于1993年建立起纯快羽和纯慢羽的配套品系，实现了商品鸡自别雌雄的目标，既可羽速自别雌雄，也可部分羽色自别雌雄，这是新型B–4鸡的突出特点，自别雌雄准确率达98%以上。据测定结果，商品鸡0~20周龄育成率96%，155天达50%产蛋率，25周龄进入80%以上产蛋高峰期，其最高产蛋率96.3%，72周龄饲养日产蛋276.7个，平均产蛋率76%，平均蛋重60.7克，总蛋重16.8千克，蛋料比1∶2.51，产蛋期末体重1.72千克，存活率87.7%。新型B–4鸡已取代了原来的B–4鸡。

（五）京白939

它是我国北京市种禽公司的科研人员从1993—1994年间进行选育的粉壳蛋鸡配套系。父本为褐壳蛋鸡，母本为白壳蛋鸡。杂交商品鸡可羽速自别雌雄。生产性能测定结果为：20周龄育成率95%，产蛋期存活率92%，20周龄体重1.51千克，21~72周龄饲养日产蛋量302个，平均蛋重62克，总蛋重18.7千克。目前京白939已得到广泛的推广应用。

（六）奥赛克（冀育自别）蛋鸡

冀育自别蛋鸡是由我国张家口高等农业专科学校与河北省秦皇岛市种鸡场合作选育出的新鸡种，1993年6月通过技术鉴定。该鸡种分产白壳蛋的冀育1号和产粉壳蛋的冀育2号，成立秦皇岛奥赛克家禽研究中心以后，就改名为奥赛克白和奥赛克粉蛋鸡。这两种商品蛋鸡可羽速自别雌雄，适应性强，产蛋性能高，饲料转化率高，已成为河北省的重要蛋鸡良种。据测试，冀育1号20周龄育成率90.2%，产蛋期存活率90.9%，开产日龄166天，开产体重1.43千克，43周平均蛋重57.8克，最高产蛋率93.3%，72周龄总产蛋量17.1千克。冀育2号20周龄育成率97.2%，产蛋期存活率92.4%，开产日龄168天，开产体重1.69千克，43周龄平均蛋重61.7克，最高峰产蛋率90.8%，72周龄总蛋重16.8千克。

四、绿壳蛋鸡

绿壳蛋鸡因产绿壳蛋而得名，其特征是所产蛋为绿色，集天然黑色食品和绿色食品为一体，是世界罕见的极品。它是我国特有禽种，被农业部列为“全国特种资源保护项目”。该鸡种抗病力强，适应性广，喜食青草菜叶，饲养管理、防疫灭病和普通家鸡没有区别。绿壳蛋鸡体形较小，结实紧凑，行动敏捷，匀称秀丽，性成熟较早，产蛋量较高。成年公鸡体重3.2~4.5千克，母鸡体重1.9~3.1千克，年产蛋160~180枚。

第二节　雏鸡的挑选与运输

雏鸡是指0~6周龄的鸡。雏鸡的培育工作是养鸡业中艰巨的中心工作之一，它直接关系着后备鸡的生长发育、成活及将来的生产力和种用价值，与经济效益密切相关。

一、雏鸡的生理特点

（一）雏鸡体温调节机能差

雏鸡体温较成年鸡体温低3℃，雏鸡绒毛稀短、皮薄、皮下脂肪少、保温能力差，体温调节机能要在2周龄之后才逐渐趋于完善。所以维持适宜的育雏温度，对雏鸡的健康和正常发育是至关重要的。

（二）生长发育迅速

雏鸡 1 周龄时体重约为初生重的 2 倍，至 6 周龄时约为初生重的 15 倍，其前期生长发育迅速，在营养上要充分满足其需要。由于生长迅速，雏鸡的代谢很旺盛，单位体重的耗氧量是成鸡的 3 倍，在管理上必须满足其对新鲜空气的需要。

（三）消化器官容积小，消化能力弱

雏鸡的消化器官还处于发育阶段，同时消化酶的分泌能力还不健全，消化能力差，每次进食量有限，所以配制雏鸡料时，必须选用质量好、容易消化的原料，配制高营养水平的全价饲料。

（四）抗病力差

雏鸡由于对外界的适应力差，对各种疾病的抵抗力也弱，在饲养管理上稍有疏忽即有可能患病。30 日龄之内雏鸡的免疫机能还未发育完善，虽经多次免疫，自身产生的抗体水平还是难于抵抗强毒的侵扰，所以应尽可能为雏鸡创造一个适宜的环境。

（五）敏感性强

雏鸡不仅对环境变化很敏感，由于生长迅速对一些营养素的缺乏也很敏感，容易出现某些营养素的缺乏症，对一些药物和霉菌等有毒有害物质的反应也十分敏感。所以在注意环境控制的同时，选择饲料原料和用药时也都需要慎重。

（六）群居性强，胆小

雏鸡胆小、缺乏自卫能力，并且比较神经质，稍有外界的异常刺激，就有可能引起混乱炸群，影响正常的生长发育和抗病能力。所以育雏需要安静的环境，要防止各种异常声响、噪声以及新奇颜色入内，防止鼠、雀、害兽的入侵，同时在管理上要注意鸡群饲养密度的适宜性。

（七）初期易脱水

刚出壳的雏鸡含水率在 76% 以上，如果在干燥的环境中存放时间过长，则很容易在呼吸过程中失去很多水分，造成脱水。育雏初期干燥的环境也会使雏鸡因呼吸失水过多而增加饮水量，影响消化机能。所以在出雏之后的存放期间、运输途中及育雏初期，注意湿度问题可以提高育雏的成活率。

二、雏鸡的选择

（一）蛋鸡饲养品种的选择

1. 优良蛋鸡品种应该具备的特征

（1）具有很高的产蛋性能，年平均产蛋率达 75%~80%，平均每只入舍母鸡年产蛋 16~18 千克。

（2）有很强的抗应激能力，抗病力、育雏成活率、育成率和产蛋期存活率都能达到较高水平。

（3）体质强健，体力充沛，能维持持久的高产。

（4）蛋壳质量好，即使在产蛋后期和夏季仍然保持较小的破蛋率。

2. 饲养蛋鸡品种的选择依据

（1）选择产蛋量高的品种。饲养蛋鸡的目的就是为了获得既多又好的鸡蛋。因此，在选择饲养品种时最重要的要看该品种的生产成绩，尤其是产蛋量。现代商品杂交鸡性成熟早，20 周龄开始产蛋，25~26 周龄进入产蛋高峰期，饲养管理条件好的情况下，90% 以上产蛋率的时间可持续 10 周以上，年产蛋总重量每只蛋鸡可达 18 千克。如前所述，目前各大育种公司的蛋鸡品种都有各自的生产性能介绍，有的还有产蛋量标准曲线描述，饲养者可根据需要进行选择。

（2）选择饲料报酬高的品种。饲料报酬也叫料蛋比，即每产 1 千克鸡蛋所需的饲料的千克数。显然，料蛋比越小，饲料报酬就越高，如果蛋鸡耗费较少的饲料就能产较多的蛋品，那么肯定会提高经济效益。目前国内外较大的育种公司的蛋鸡品种都有各自的料蛋比。因此，养殖者在选择优质品种时，应将产蛋量同饲料报酬结合起来考虑，争取找到一个比较理想的品种进行饲养。

（3）根据市场需求选择。选择蛋鸡品种要考虑所在地的市场需求。如果所在地市场盛行褐壳蛋鸡，那就选择褐壳蛋鸡，在中国乃至整个亚洲绝大多数消费者都喜欢食用褐壳鸡蛋。如果当地喜欢食用白壳蛋，那就要养白壳蛋鸡。

如果当地市场对个头大的鸡蛋较为喜欢，并且大个鸡蛋比小个鸡蛋贵，那最好选择老罗曼蛋鸡，因为老罗曼蛋鸡比新罗曼、海兰褐等褐壳蛋鸡所产的蛋个头都大。小鸡蛋受欢迎的地区和鸡蛋以个计价销售的地区，可以养体型小、蛋重小的鸡种。

我国有些地方品种虽然产蛋量低，但是蛋的品质良好，很受消费者青睐，其价格高于引进蛋鸡所产鸡蛋的价格。尤其是最近几年，随着人们安全、绿色、环保、健康意识的增加，使得发展地方特色品种蛋鸡（土种蛋鸡）有了很大的潜力。有条件的地方，可以放养土种蛋鸡。

（4）根据当地的气候条件选择。选养品种时，要对该品种产地饲养方式、气候和环境条件进行分析，并与引入饲养地进行比较，从中选出生命力强、成活率高、适于当地饲养的优良品种。在引种过程中既要考虑品种的生产性能，又要考虑环境条件与原产地是否有很大差异，如北方冬天寒冷，可选择体重较大、较耐寒的品种饲养；而南方夏天闷热易引起应激，可选择体型较小、抗热能力强的鸡种。

（5）根据自己的养殖水平确定。在饲养经验不足的情况下，应该首选抗病力和抗应激能力比较强的鸡种。有一定饲养经验，并且鸡舍设计合理，鸡舍控制环境能力较强的农户，可以首选产蛋性能突出的鸡种。

选择蛋鸡品种还要看本人对各种品种蛋鸡的熟悉程度及饲养习惯。比如原来一直饲养罗曼蛋鸡，对该品种的生活习惯、管理、疫病防治等都非常熟悉，你最好还是选择饲养罗曼蛋鸡。

（二）雏鸡孵化场家的选择

优质健康的雏鸡来源于优良的种鸡场，所以在计划购进雏鸡时，做好多方打听和实地考察，无论选购什么样的鸡种，必须在有生产许可证、有相当经验、有很强技术力量、规模较大、没发生严重疫情的种鸡场购雏。管理混乱，生产水平不高的种鸡场，很难提供具有高产潜力的雏鸡。

首先，要选择具有一定饲养规模、知名度高、信誉良好的雏鸡供应场家。这样的雏鸡场种鸡存栏数量大、饲养设备先进、管理正规、种鸡疾病防控比较到位，也只有这样的种鸡场才能够一次性提供大量的、优质的、健康的雏鸡，才能够拥有良好的售后服务。

其次，当雏鸡处于高价位运行时，在雏鸡选择和开口药的使用方面要谨慎；因为雏鸡处于高价位运行时，雏鸡的质量往往难以保障，雏鸡之所以处于高价位运行，多数是因为雏鸡供应数量不足，而造成雏鸡供应数量不足的原因主要是因为种鸡群生病或淘汰增多，造成种鸡产蛋率和孵化率降低，这种情况下种蛋的筛选和雏鸡的挑选都不会太严格，加上一些疾病的垂直传播，雏鸡的质量往往难以保障。所以此阶段育雏，在选雏上更要谨慎，选一些品牌大，规模大，信誉好的雏鸡厂家，并且做好各项育雏工作的准备，保证育雏阶段的顺利进行。

三、1日龄雏鸡的挑选

（一）优质健康雏鸡应满足的条件

优质健康雏鸡必须达到以下基本要求：

1. 体格标准达标

体重和均匀度要控制在适宜的范围之内。

2. 微生物学达标

不携带特定的病原菌。

3. 血清学达标

具有均衡的母源抗体水平。

4. 过程可监督、产品可追溯

5. 全程服务达标

此外，优质雏鸡还必须符合本品种特征，弱雏比例不大于0.1%，1周内成活率不低于99.5%，雏鸡鉴别率99%，马立克氏病保护率98%以上。

（二）检查雏鸡体格

1. 体重达标

出壳体重控制在本品种适宜范围之内，以孵化场抽检为标准（育雏场可根据运输距离远近折算失水率）。

雏鸡体重达标，说明种鸡产种蛋的日龄适宜，孵化场孵化管理过程良好，雏鸡在运输过程中环境舒适。

2. 均匀度达标

雏鸡均匀度要达到80%以上。

3. 体长达标

平均体长应控制在 ±2% 以内。体长较高的雏鸡，心脏、肝脏和法氏囊等内脏器官的重量较大，活力较强。

4. 卵黄囊重量达标

1 日龄优质雏鸡的卵黄应保持在体重的 8%~10%。

5. 10 项感官标准达标

图 1-9　雏鸡挑拣分级

图 1-10　剔除弱雏和病雏

评价 1 日龄雏鸡的质量，需要对雏鸡个体进行感官检查，然后做出判断，对雏鸡进行挑拣分级（图 1-9），并剔除弱雏和病雏（图 1-10）。雏鸡个体检查的主要内容见表 1-5。

表 1-5　1 日龄雏鸡个体检查的主要内容

雏鸡个体的检查内容	健康雏鸡（A 雏）	弱雏（B 雏）
反射能力	把雏鸡放倒，它可以在 3 秒内站起来	雏鸡疲惫，3 秒后才可能站起来
眼睛	清澈，睁着眼，有光泽	眼睛紧闭，迟钝
肚脐	脐部愈合良好，干净	脐部不平整，有卵黄残留物，脐部愈合不良，羽毛上沾有蛋清
脚	颜色正常，不肿胀	跗关节发红、肿胀，跗关节和脚趾变形
喙	喙部干净鼻孔闭合	喙部发红，鼻孔较脏、变形

（续表）

雏鸡个体的检查内容	健康雏鸡（A 雏）	弱雏（B 雏）
卵黄囊	胃柔软，有伸展性	胃部坚硬，皮肤紧绷
绒毛	绒毛干燥有光泽	绒毛湿润且发黏
整齐度	全部雏鸡大小一致	超过 20% 的雏鸡体重高于或低于平均值
体温	体温应在 40~40.8℃	体温过高：高于 41.1℃，体温过低，低于 38℃，雏鸡到达后 2~3 个小时内体温应为 40℃

上表中，雏鸡个体检查的内容可概括为以下 10 项。

（1）眼大有神。优质健康的雏鸡（A 雏）活泼健壮，眼大明亮有神（图 1-11）；那些闭目阖眼缩脖子，萎靡不振的一定是弱雏（B 雏）。

（2）大小均匀。均匀一致的外观、均匀一致的体重（图 1-12）。

图 1-11　健康雏鸡眼大明亮有神

图 1-12　外观、体重均匀一致

B 雏鸡比 A 雏鸡身体小，而且体质较弱的原因如下。

① 种蛋太小。种蛋小雏鸡就小。

② 孵化过程中温度过高。如果孵化过程中温度长期过高，给胚体发育造成不良影响，其中主要是胚体发育加速，使尿囊早期萎缩，出现过早啄壳现象。

③ 孵化过程中湿度过低。正常孵化的前 10 天中，鸡胚通过蒸发

图 1–13　健康的雏鸡应该在 3 秒内站立起来，即使是把雏鸡放倒，它也会在 3 秒内自行站立

水分散热的量超过了其产热量。如果孵化器内的湿度过低，使蛋内的水分大量蒸发，胚胎则会受凉，妨碍胚胎的生长发育。

雏鸡大小不均匀的原因如下。

① 大、小蛋混合孵化。均匀的种蛋或分级很关键（当然，即使采用最先进的孵化设备，也很难避免由蛋重差异较大所造成的不利影响）。

② 不同日龄种蛋混合孵化。种鸡群的大小很关键。

③ 同品种或品系的种蛋混合孵化。同源引种很关键。

④ 孵化或出雏期温度不匀。孵化硬件很关键。

⑤ 问题种蛋。种鸡健康状况很关键。

（3）爪要粗壮。腿部粗壮有光泽，站立平稳、不干瘪、无脱水，且跗关节不红肿，是判断雏鸡健康与否的主要标志之一（图 1–13，

图 1–14　爪要粗壮

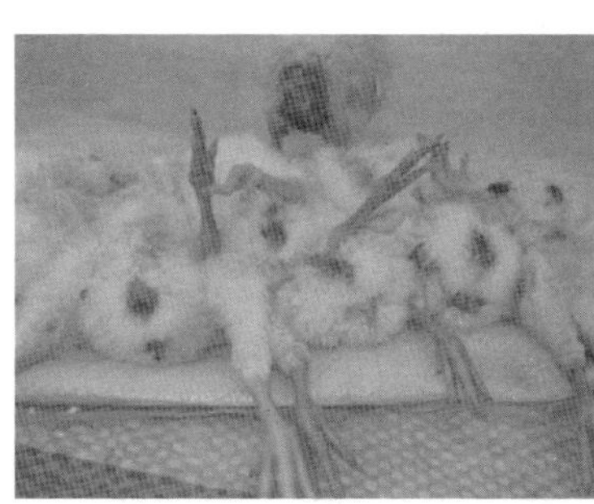

图 1–15　脐带斑大，脐带炎

图 1-14)。

(4)脐无钉印。雏鸡脐带收缩良好，脐带斑直径不超过 2 毫米，脐部不潮湿发红、不发黑或绿。过高的孵化温度和不良的卫生条件，出壳会相对提前，造成肚脐周围敞开的皮肤在膜内容物进入身体之前闭缩，钉脐、黑脐、线脐等增多(图 1-15)。环控正常的前提下雏鸡前期死亡率 50% 与卵黄囊感染有关。

图 1-16　雏鸡脐部检查

检查脐部(图 1-16)，看是否有闭合不良的情况，如有卵黄囊未完全吸收，会造成脐部无法完全闭合。这些脐部闭合不良的雏鸡发生感染的风险较高，死亡率也高。必须留意接到的雏鸡中脐部闭合不良的比例有多高，及时与孵化场进行沟通。若无堵塞物，脐部随后还可以闭合。

雏鸡肛门上有深灰色水泥样凝块(图 1-17)，通常是由于严重的细菌如沙门氏菌感染或是肾脏机能失调造成的。应该立即淘汰这些雏鸡。腹膜炎会影响肠道蠕动，造成尿失禁。一旦干燥，就会形成水泥样包裹，通常在应激时发生。雏鸡肛门上有深灰色铅笔形状糊肛(图 1-18)，还没有太坏的影响。

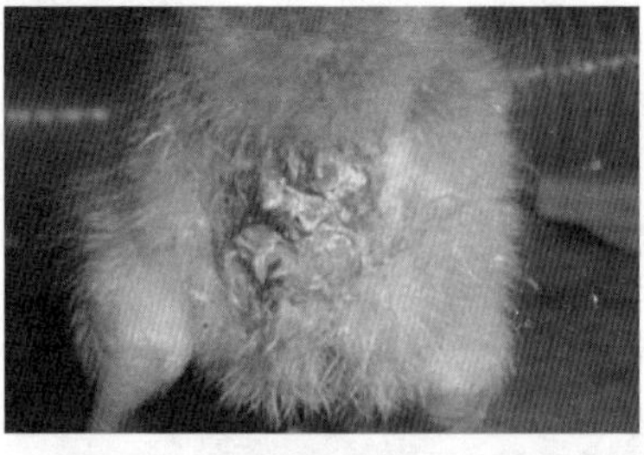

图 1-17　有明显糊肛的雏鸡

图 1-18　有深灰色铅笔样糊肛的雏鸡

（5）腰部收紧。腹部收缩良好并富有弹性（图 1–19）。软如棉花、腹大胀气和僵硬的视为残次鸡。如果种蛋的失水率过低，则雏鸡的肚子较大，跗关节红肿，脐带愈合不良，反之则表现为脱水。

（6）颈喙无痕。免疫接种和断喙无不良反应，颈和喙部无外伤、感染，颈部不僵硬，无遗漏的液体（图 1–20）。

图 1–19 腰部收紧

图 1–20 颈喙无外伤

（7）体无异样。无歪嘴、歪脖（图 1–21）、瞎眼、瘸腿、多腿、卷趾等畸形。

（8）毛色光亮。羽毛长短适中，油光发亮（图 1–22），无火烧毛、绒毛黏着等。羽毛发育情况可判断出壳时间的长短。

图 1–21 剔除歪嘴雏鸡

图 1–22 羽毛长短适中，油光发亮

（9）肛要无便。肛门周围干净不潮湿，不粘有粪便或其他污物（图 1–23）。

（10）叫声“洪荒”。健雏叫声清脆（40 分贝左右）、精神饱满、呼吸正常（图 1–24）。

图 1–23　肛门周围干净不潮湿

图 1–24　叫声“洪荒”

（三）异常雏鸡的主要表现

1. 雏鸡绒毛粗而短

雏鸡的绒毛表现比正常的雏鸡又短又粗，缺乏绒毛，这主要是营养不良引起的。当种鸡饲养不当，种蛋内多种营养成分同时缺乏或不足时，即可发生，其中又以蛋白质含量过低或品质不良，各种氨基酸比例失常较常见。此外，还有胆碱与锰等物质的不足。

2. 雏鸡足肢粗短或畸形

幼雏表现两腿较正常鸡雏短，而且粗，所以有叫“骨短粗症”，此为综合性营养不良引起的。

雏鸡脚趾畸形规律性发生，可能是由于遗传，但更可能是因为 B 族维生素缺乏，或是出雏器温度过高造成的。

3. 雏鸡羽毛、皮肤有色素沉着，或伴有干眼病

这主要是维生素 A 缺乏引起的，由于种鸡饲料中维生素 A 含量不足，种蛋在孵化初期死胚多，能继续发育者生长缓慢。闷死或出壳的幼雏，羽毛与皮肤有色素沉着。有时有干眼病，表现为眼干燥、无光泽。呼吸道、消化道和泌尿生殖器官的上皮可发生角化，雏鸡对传染病的抵抗力明显降低。

4. 雏鸡呈“观星状”

幼雏表现以跗关节和尾部着地，坐着或侧倒头向背后极度弯曲呈

角弓反张。原因：一是由翻蛋造成的；二是由于种鸡的饲料中硫胺素被硫胺酶（新鲜鱼、虾、软体动物的内脏含有）破坏，造成维生素 B_1 缺乏。

5. 雏鸡腿外张

雏鸡趴伏在地，两腿向身体两侧伸出，像空中飞翔鸟儿的翅膀。主要原因：一是出壳盘太滑，雏鸡两腿在盘中不停划动不易站立，时间长了雏鸡趴伏在地，两腿向外张开；二是孵化器内湿度过大，妨碍了蛋内水分的蒸发，使胚胎受热，又因尿囊的液体蒸发缓慢，水分占据蛋内的空隙，妨碍了胚胎的生长发育。

6. 多条腿雏鸡

雏鸡长有 3 条腿或 4 条腿。这主要是由于种蛋搬运不当以及孵化中翻蛋不当造成的。

7. 雏鸡跗关节红肿

幼雏的跗关节发红肿胀。这是由于孵化时温度过低造成的。

8. 雏鸡脑疝

雏鸡无颅畸形，表现无头皮、无颅骨、脑子裸露等。这是由于孵化时二氧化碳浓度过高或孵化温度过高造成的。

9. 雏鸡开脐

幼雏的肚脐愈合不良。主要是孵化时高温、高湿造成的。

10. 雏鸡脐炎

幼雏的肚脐周围有炎性水肿，局部皮下充满胶样浸润及黏液，有时有出血性浸润；病灶附近的腹壁皮下结缔组织水肿。

11. 雏鸡胫部、喙色变红

有时见到雏鸡的胫部发红，多是因出雏器温度过高造成的；雏鸡的喙色变红，多因雏鸡希望早些脱离高温环境并且试图将头伸出塑料筐的缝隙造成。

四、雏鸡的运输

雏鸡是比较适合运输的动物，因在出雏的 2 天内，雏鸡仍处于后发育状态。在实际生产中，我们经常会发现，在孵化场内放置 24 小时的雏鸡，看起来比刚出雏不久的雏鸡精神状况更好。雏鸡脐部在 72 小时内是暴露在外部的伤口，72 小时后会自己愈合并结痂脱落。雏鸡卵黄囊重 5~7 克，内含有供雏鸡生命所需的各种营养物质，雏鸡靠它能存活 5~7 天。雏鸡开始饮水、采食越早，卵黄吸收越快。研究显示，青年种母鸡的后代和成年或老龄种母鸡的后代相比，在育雏的温度、尤其是湿度上要得到更好的保证。

雏鸡的接运是一项技术性强的细致工作，要求迅速、及时、安全、舒适到达目的地。

1. 接雏时间

雏鸡出壳后 1 小时即可运输。一般在雏鸡绒毛干燥可以站立至出壳后 36 小时前这段时间为佳，最好不要超过 48 小时，以保证雏鸡按时开食、饮水。

2. 装运工具

运雏时最好选用专门的运雏箱或运雏盒（如硬纸箱、塑料箱、木箱等），规格一般为 60 厘米 ×45 厘米 ×20 厘米，内分 4 个格，箱壁四周适当设通气孔，箱底要平而且柔软，箱体不得变形（图 1–25）。在运雏前要注意雏箱的清洗消毒，根据季节不同，每格放 20~25 只雏鸡，每箱可装 80~100 只雏鸡。也可用专用塑料筐。运输工具可选用车、船、飞机等。

图 1–25　雏鸡专用运雏箱

3. 装车运输

主要考虑防止缺氧闷热造成窒息死亡或寒冷冻死，防止感冒拉稀。将运雏箱装入车中，箱间要留有间隙，码放整齐，防止运雏箱滑动（图 1–26）。确保通风。夏季运雏要注意通风防暑，避开中午运输，防止烈日暴晒发生中暑死亡。冬季运输要注意防寒保温，防止感冒及冻死，同时也要注意通风换气，不能包裹过严，防止闷死。春、秋季节运输气候比较适宜，春、夏、秋季节运雏要备有防雨用具。如果天气不适而又必须运雏时，则要加强防护措施，在途中还要勤检查，观察雏鸡的精神状态是否正常，以便及时发现问题，及时采取措施。无论什么季节运雏，都要做到迅速、平稳。途中尽量避免剧烈震动，防止急刹车，尽量缩短运输时间，以便及时开食、饮水。

图 1–26　将运雏箱装入车中，箱间要留有间隙，码放整齐，防止运雏箱滑动

4. 接雏程序

（1）不论春夏秋冬，要在进雏前 1~2 天预温鸡舍，接雏时鸡舍温度 28~30℃即可，放完鸡后，再慢慢升至规定温度。

（2）雏鸡运到鸡场后，要迅速卸车。雏鸡盒放到鸡舍后，不能码放，要平摊在地上（图 1–27），同时要随手去掉雏鸡盒盖，并在半小时内将雏鸡从盒内倒出，散布均匀。

（3）有的客户在接到雏鸡后要检查质量和数量，最好把要检查的雏鸡盒卸下车，并摊开放置，再指派专人去检查。不能在车内抽查或在鸡舍内全群检查，这样往往会造成热应激而得不偿失。雏鸡临界热应激温度是 35℃，研究显示，夏季运雏车停驶 1 分钟，雏鸡盒内温度升高 0.5℃。

图 1-27　雏鸡盒放到鸡舍后要平摊在地上

笼养育雏过程中将雏鸡装入笼内称为上笼。开始上笼时幼雏很小，为便于集中管理，多层笼育雏的可将雏鸡放在温度较高又便于观察的上面一、二层（图 1-28），上笼时先装入健雏，弱雏另笼养育。平面育雏的按育雏器的容鸡数将健雏均匀放入每一栏，弱雏单独养育。雏鸡安放好后，保持舍内安静，观察鸡群状态和睡眠情况，同时将途中死亡和淘汰雏鸡拿到舍外妥善处理，将雏鸡箱搬出育雏舍，集中烧毁（图 1-29）。

图 1-28 将雏鸡放在上层

图 1-29 雏鸡箱搬出育雏舍，集中烧毁

第三节　育雏常用设备及用具

一、育雏舍

育雏舍是饲养出壳到6周龄雏鸡的专用鸡舍。它是雏鸡昼夜生活的小环境，其建筑是否合理，直接影响雏鸡的生长发育。雏鸡体温调节能力差，雏鸡舍建筑的重要特点是要有利于保温。建筑育雏舍时应注意房舍要矮些，墙壁要厚，地面干燥，屋顶应设天花板。此外，要注意合理通风，做到既保证空气新鲜，又不影响舍温，若为立体笼育雏，其最上层笼与天花板间的距离应为1.5米左右。

育雏舍有开放式和密闭式两种，可根据气候条件及资金状况等选择。对于实行全年育雏的大型鸡场，应选用密闭式育雏舍，即无窗(设应急窗)鸡舍，舍内实行机械通风和灯光照明，通过调节通风量在一定程度上控制舍温及舍内湿度，育雏效果好。对于中小型鸡场，尤其气候炎热地区，可采用开放式育雏舍。这种鸡舍应坐北朝南，跨度为5~6米。高度2米左右，舍内采用水泥地面，鸡舍南面设运动场，面积为房舍面积的1~2倍，地面必须排水良好，周围种植树冠高大的落叶乔木，以保持冬暖夏凉，空气新鲜。如受地方限制，也可不设运动场。

二、育雏器

育雏器是使雏鸡在育雏阶段处于特定的适宜温度环境下的必需设备，一般分为育雏笼和育雏伞两大类型，前者适用于笼养，后者适用于平养。

（一）育雏笼

标准化规模养殖蛋鸡育雏多使用四层电热育雏笼。四层电热育雏笼由加热笼、保温笼、活动笼三部分组成的，各部分之间为独立结构，可以进行各部分的组合，如在温度高或采用全室加温的育雏舍，可专门使用活动笼组，在温度较低的情况下，可适当减少活动笼组数，而增加加热和保温笼组，因此该设备具有较好的适应能力。

总体结构采用四层重叠笼（图1–30），每层高度为333毫米，每笼面积 700 毫米 ×1 400 毫米，层与层之间有两个 700 毫米 ×700 毫米的粪盘，全笼总高度为 1 720 毫米。该育雏器的配置常采用一组加热笼、一组保温笼、四组活动笼，外形尺寸为 4 400 毫米 ×1 450 毫米 ×1 720 毫米，总占地面积 6.38 米^2，可育 15 日龄雏鸡 1 600 只，30 日龄雏鸡 1 200 只，45 日龄雏鸡 800 只，总功率 1.95 千瓦，并配备料槽 40 个，饮水器 12 个，加湿槽 4 个。

图 1–30　四层重叠育雏笼

1. 加热笼组

加热笼组在每层笼的顶部装有 350 瓦远红外加热板一片，在底层粪盘下部还装有一只辅助电热管，每层均采用乙醚膨胀饼自动控温，并装有照明灯和加湿槽。该笼除一面与保温笼相接外，其他三面基本采用封闭的形式，以防热量散失，底部采用底网，以使鸡粪落入粪盘。

2. 保温笼组

保温笼组使用时必须和加热笼组连接，而在与活动笼组相接的一面装有帆布帘以便保温，同时也可使小鸡自由出入。

3. 活动笼组

活动笼组没有加热和保温装置，是小鸡自由活动的笼体，主要放有料槽和饮水器，各面均由钢丝点焊的网格组成，并且是可以拆卸的，底部采用筛网和承粪盘。

（二）育雏伞

它也称为伞形育雏器，是养鸡场给幼雏保温广泛使用的常规设备。有电热和远红外热源之分。

1. 电热育雏伞

育雏伞（图 1–31）以电能做热源，并与温度控制仪配合使用，效果较好。但热源的取材和安装部位的不同，其耗电差异很大。有的育雏伞的电热丝安装于伞罩内，使热量从上向下辐射，而有的育雏伞则是将电热线埋藏于伞罩地面之下，形成温床。根据热传播的对流原理，加热时应将热源放在底部最为合理。

图 1–31　地面育雏用的保温伞

在网上或地面散养雏鸡时，采用电热育雏伞具有良好的加热效果，可以提高雏鸡体质和成活率。电热育雏伞的伞面由隔热材料组成，表层为涂塑尼龙丝伞面。保温性能好，经久耐用。伞顶装有电子控温器，控温范围 0~50℃，伞内装有埋入式远红外陶瓷管加热器，同时设有照明灯和开关。电热育雏伞外形尺寸有直径 1.5 米、2 米和 2.5 米 3 种规格，可分别育雏 300 只、400 只和 500 只。

2. 红外线育雏器

红外线育雏器是使用红外线作为热源的伞形育雏器，分为红外线灯泡和远红外线加热器两种。

（1）红外线灯泡。普通的红外线取暖灯泡，可向雏鸡提供热量。红外线灯泡的规格为 250 瓦，有发光和不发光两种，使用时用 4 个灯泡等距连成一组，悬挂于离地面 40~60 厘米高处，随所需温度进行保温伞的高度调节。

用红外线灯泡育雏，因温度稳定，垫料干燥，育雏效果良好，但耗电多，灯泡容易老化，以致成本较高。

（2）远红外线加热器。应用远红外加热是20世纪70年代发展起来的一项新技术。它是利用远红外发射源发出远红外辐射线，物体吸收而升温，达到加热的目的。

远红外线加热器是通过电热丝的热能激发红外涂层，使其发出一种波长为700~1 000 000纳米不可见的红外光，而这种红外光也是一种热能。应用远红外线加热器作为畜牧生产培育幼畜、雏禽的必需设备，目前已被普遍推广。它不仅能使室内温度升高，空气流通，环境干燥，并且具有杀菌及增加动物体内血液循环，促进新陈代谢，增强抗病能力的作用。加热板由金属氧化物或碳化物远红涂层、碳化硅基材、电热丝、硅酸铝保温层、铝反射板及外壳组成。

3. 新款育雏保温伞

新款育雏保温伞是一种悬挂式新型保温伞，四个面上有风扇，能将热量均匀散发使整个室内整体升温，散热均匀，采用全自动控温设计，使用非常方便，无污染，有条件的养殖户可选择此款产品进行育雏加温育雏效果好。

三、喂料设备

主要有料盘、料桶、料槽等。大型鸡场还采用喂料机。

（一）料盘

料盘适用于雏鸡饲养，有方形、圆形等不同形状。面积大小视雏鸡数量而定，一般每60~80只雏鸡配1个。圆形开食盘直径为35厘米或45厘米。

（二）料桶

料桶由1个圆桶和1个料盘构成。圆桶内装上饲料，鸡吃料时，饲料从圆桶内流出。适用于平养中鸡、大鸡。它的特点是一次可添加大量饲料，贮存于桶内，供鸡只不停地采食。料桶材料一般为塑料和镀锌板，可承重3~10千克。容量大，可以减少喂料次数，减少对鸡群的干扰，但由于布料点少，会影响鸡群的均匀度。容量小，喂料次数和布料点多，可刺激食欲，有利于增加雏鸡采食量和增重，但增加工作量。

（三）料槽

便于鸡的采食，鸡只不能进入料槽，可防止鸡的粪便、垫料污染饲料。料槽多采用铁皮或木制成。雏鸡用的料槽两边斜，底宽 5~7 厘米，上口宽 10 厘米，槽高 5~6 厘米，料槽底长 70~80 厘米；中鸡或大鸡用料槽，底宽 10~15 厘米，上口宽 15~18 厘米，槽高 10~12 厘米，料槽底长 110~120 厘米。

饲槽的大小规格因鸡龄不同而不一样，育成鸡饲槽应比雏鸡饲槽稍深、稍宽。

四、饮水设备

随着家禽养殖业的发展和我国劳动成本的增加，养殖成本不断增加。在规模化养殖不断发展的今天，以乳头水线为主的饮水设备逐步取代了普拉松饮水器、水槽饮水器等一些费时费力的饮水设备。以乳头水线为例，关注饮水对鸡群健康的重要性。

（一）乳头水线饮水可以节省劳动力

一些开放式的饮水设备如普拉松饮水器、水槽饮水器和杯型饮水器每天都需要清洗和消毒，这些烦琐的工作增加饲养员劳动负荷，而乳头水线属于封闭状态，空气中的粉尘不会直接污染饮水，减少了细菌污染的机会。只需定期消毒和冲洗水线。

（二）乳头水线普及的同时也带来了许多问题

乳头饮水水线的普及使用在大大节约了人力的同时，也带来了许多问题。以水线水管的藏污纳垢尤其是饮水给药或维生素后造成的细菌滋生和水线漏水的问题最为突出。由于水线是全封闭状态，再加上一些药物的特殊性和电解多维的影响直接为细菌滋生创造了环境条件。水是鸡只生长过程中所必需的组成成分。为了保证鸡群的健康必须不定期清理水线。

（三）水线的维护保养

当鸡舍有鸡时，水线要定期维护。维修人员要定期对饮水系统进行检修，检修要在晚间进行，不要影响鸡只的生产。对于水线不平、水线堵塞的都要进行更换；对于水线乳头安装不合理漏水的也要进行更换。水线在进行消毒时候，确保药物浓度，避免人为过失导致药物残留，造成对鸡只的影响或损坏水线。

1. 调平水线，保持水压平衡

水线在调平前，首先要保证水线安装合适。如果地面不平坦，就要经常调节饮水系统的高度和平衡度，这是保持水压平衡的关键点。在饲养过程中，水线每周都要调整、调升。建议采用固定水线的钢丝绳到水线的距离为衡量标准，这样保证了水线高度的相对一致，而调升水线时，应以棚架到水线乳头的距离为准。

2. 调整水线压力

根据鸡群生长和日龄变化随时调整水线压力和高度。在育雏期水线压力高度3厘米为基础浮动，育成期以5厘米为起点调节，产蛋期根据饮水情况实际调整，水线压力高度以水线末端乳头出水连滴为宜。水线压力的高低也是随着温度的变化而变化的，气温升高鸡的饮水量增大，由于鸡没有汗腺而依靠喘气散热，同时也减少了水分，所以气温升高适当调高水压。若温度下降，供水量也要随之降低，水线压力也要随着降低。鸡的饮水量是基本恒定的，若此时供水水压与气温较高时保持一致，会导致饮水器供水过多而弄湿垫料，从而引发其他问题。

3. 注重饮水消毒，保证水质合格

水是鸡群生长发育不可缺少的重要因素，保证饮水的水质合格达标是保证鸡群健康的最基本因素之一。饮水应清洁干净，无任何有机物或悬浮物，应监测饮水，确保水质适合饮用或水中没有病原微生物，饮水中不应检测出假单胞菌类，每毫升水样中的大肠杆菌数不得超过1个。5%以上的检测水样中不能含有大肠杆菌。如果发现细菌含量较高，应尽快查明原因并采取处理措施。

所处地区饮用水较硬时，会造成饮水器阀门和水管堵塞。可在水线进水端安装过滤器，过滤器每周都要清洗，防止堵塞导致断水。饮水系统在饮用过维生素、电解多维及其他水溶性差的药物后，要及时对水线进行高压反冲洗。必要时候可以添加消毒药进行浸泡消毒，时间不小于4小时，之后用清水冲洗干净。

第四节　雏鸡入舍前的准备工作

进雏前通常是指育雏开始前 14 天。进鸡前首要工作就是制定工作计划和对全部员工、尤其是饲养员进行全面技术培训，对养殖流程、操作细节、规范化的日常工作等进行培训；使饲养员熟悉设备操作和养殖流程。

一、制定育雏计划

根据本场的生产需要、房舍条件、饲料资源等具体条件制定育雏计划。具体确定时要考虑以下因素：一是房舍及设备条件，总的生产规模、生产计划等条件；二是分析饲料来源，根据雏鸡饲料配方、耗料量标准以及各种饲料原料的需要量，特别要注意蛋白质饲料及各种添加剂的供应，计算所需饲料费用；三是考虑经营能力及饲养管理技术水平，确定育雏规模；四是考虑需要依赖的其他物质条件及社会因素，如水源是否充足，水质有无问题，电力和燃料是否有保证，育雏必需的产前、产后服务如饲料、疫苗、常用物资等供应渠道及产品销售渠道的通畅程度与可靠性等。将这几方面的因素综合分析，结合考虑市场的需求、价格和利润情况，确定全年育雏的总数、养育批次及每批养育的只数，然后具体拟订进雏及雏鸡周转计划、饲料及物资供应计划、防疫计划、财务收支计划及育雏阶段应达到的技术经济指标等，以确保育雏工作有条不紊地进行。

二、育雏季节的选择

现代工厂化养鸡，能为雏鸡创造其必需的环境条件，一年四季均可育雏，特别是密闭式鸡舍，受季节的影响更小。而一般中小型鸡场及专业户养鸡，由于设备条件的限制，尚不能完全控制养鸡的环境条件，就必须选择适合的育雏季节。育雏季节不同，雏鸡所处的环境就不一样，其生长发育和成活率就有差别，对将来成年鸡的生产性能也有影响。一般讲，春季育雏效果最好，初夏与秋冬次之，盛夏最差。现将各育雏季节比较分述如下：

1. 春雏

它指3—5月孵出的雏鸡。特别是早春三月孵出的雏鸡，生产性能和种用价值最高。这是因为春季气候温和，空气干燥，阳光充足，自然通风条件好，种鸡群处于最佳状态，种蛋的品质良好，孵出的雏鸡体质健壮，生命力强，生长发育快，成活率高，春雏一般可在当年的9—10月开产，一直要到第二年秋季换羽时才停产，产蛋期长达一年以上，产蛋量高，蛋个也大。

2. 夏雏

它指6—8月孵出的雏鸡。夏季气温高，湿度大，雏鸡患病较多，成活率较低，特别是盛夏，由于天气闷热，雏鸡大量饮水，食欲减退，生长发育受阻。到了中雏阶段，天气渐冷，户外活动时间较少，体质较差，成年后生产力也低。但夏季育雏，保温容易，光照时间长，青饲料来源丰富，只要有针对性的加强饲养管理，也能获得较好的育雏效果。

3. 秋雏

指9—11月孵出的雏鸡。秋季阳光充足，天气逐渐凉爽，与夏雏相比，外界环境条件逐渐好转，对雏鸡的生长发育有利。但秋雏性成熟早，成年时体重和蛋重都较小，产蛋持续期也短，全年产蛋量不高。

4. 冬雏

它指12月至来年2月孵出的雏鸡。冬季气候寒冷，供温时间长，育雏成本较高。雏鸡多在室内活动，缺乏阳光和充足的运动，生长发育受到一定影响。在一般情况下，我国北方不宜孵化冬雏。

以上着重从气候条件考虑对育雏的影响。在具体选择育雏季节和时间时，还要考虑鸡场的性质、任务和设备条件等许多因素。例如饲养商品型乌骨肉鸡，应着重考虑当地的消费习惯，或以重大节日（端阳、中秋、国庆、元旦、春节）出栏上市为准，以市场为导向，根据市场的需求和价格走向来确定饲养雏鸡的时间，一般都能取得较好的经济效益。

三、设施设备检修

为了进鸡后各项设备都能正常工作，减少设备故障的发生率，进鸡前五天开始对舍内所有设备重新进行一次检修，主要有：

1. 供暖设备、烟囱、烟道

要求把供暖设备清理干净，检查运转情况，保证正常供暖；烟囱、烟道接口完好，密封性好，无漏烟漏气现象。

2. 供水系统

主要检查压力罐、盛药器、水线、过滤器。要求压力罐压力正常，供水良好；水线管道清洁，水流通畅；过滤网过滤性能完好；水线上调节高度的转手能灵活使用，水线悬挂牢固、高度合适、接口完好、管腔干净，乳头不堵、不滴、不漏。

3. 检查供料系统

料线完好，便于调整高度，打料正常，料盘完好，无漏料现象。

4. 通风系统

风机电机、传送带完好，转动良好，噪声小；风机百叶完整，开启良好；电路接口良好，线路良好，无安全隐患。

5. 清粪系统

刮粪机电机、链条、牵引绳、刮粪板完好、运转正常，刮粪机出口挡板关闭良好。

6. 供电系统

照明灯干净明亮、开关完好。其他供电设备完好，正常工作。

7. 鸡舍

门窗密封性好，开启良好，无漏风现象，并在入舍门口悬挂好棉被。

四、育雏方式的选择

育雏的方式可概括分为平面和立体两大类。

1. 平面育雏

只在室内一个平面上养育雏鸡的方式，称为平面育雏。主要分为地面平养和网上育雏。

（1）地面平养 。采用垫料，将料槽（或开食盘）和饮水器置于垫料上，用保温伞或暖风机送热或生炉子供热，雏鸡在地面上采食、饮水、活动和休息（图 1–32、图 1–33）。

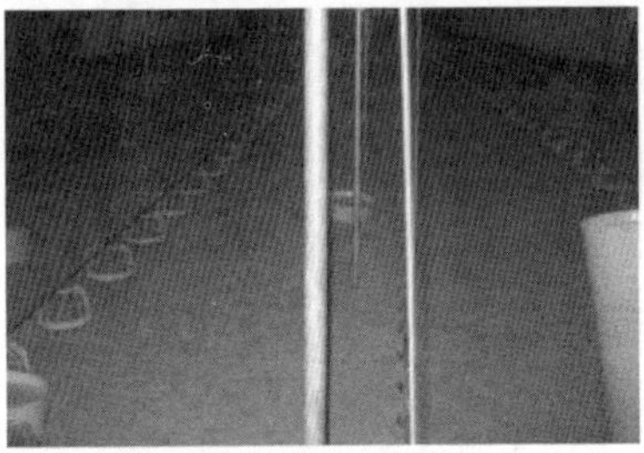

图 1–32　地面平养场地

图 1–33　地面平养供热锅炉

地面平养简单直观，管理方便，特别适宜农户饲养。但因雏鸡长期与粪便接触，容易感染某些经消化道传播的疾病，特别易暴发球虫病。地面平养占地面积大，房舍利用不经济，供热中消耗能量大，选择准备垫料工作量大。所以农户都趋于采用网上平养。

（2）网上育雏。即用网面代替地面来育雏。一般情况网面距地面高度随房舍高度而定，多为 60~100 厘米。网的材料最好是铁丝网，也可是塑料网。网眼大小以育成鸡在网上生活适宜为宜，网眼一般为 1.25 厘米 ×1.25 厘米（图 1–34、图 1–35）。

图 1–34　网上育雏场地

图 1–35　网上育雏

网上育雏的优点是可节省大量垫料；雏鸡不与粪便接触，可减少疾病传播的机会。但同时由于鸡不与地面接触，也无法从土壤中获得需要的微量元素，所以提供给鸡的营养要全价足量，不然易产生某种营养缺乏症。由于网上平育的饲养密度要比地面平育增加10%~15%，故应注意舍内的通风换气，以便及时排除舍内的有害气体和多余的湿热，加热方式用热水管或热风，也可用前面所述各种热源（图 1–36）。

图 1–36　网上育雏加热

2. 立体育雏

立体育雏也称笼育雏，就是用多层育雏笼或多层育雏育成笼养育雏鸡（图 1–37、图 1–38）。育雏笼一般为 3~5 层，多采用叠层式。随着饲养方式的规模化、集约化，现代养鸡场一般都采用立体育雏。每层笼子四周用铁丝、竹竿或木条制成栅栏。饲槽和饮水器可排列在栅栏外，雏鸡通过栅栏吃食、饮水，笼底多用铁丝网或竹条，鸡粪可由空隙掉到下面的承粪板上，定期清除。育雏室的供温一般采取整体供暖。

图 1–37　立体育雏笼

图 1–38　改造的育雏笼

立体育雏除具备网上育雏的优点和缺点外，就是能更有效地利用育雏室的空间，增加育雏数量，充分利用热源，降低劳动强度，容易接近和观察鸡群，可有效控制鸡白痢与球虫病的发生与蔓延。当然立体育雏需较高的投资，对饲料和管理技术要求也更高。

五、全场消毒

在养鸡生产中，进雏前消毒工作的彻底与否，关系到鸡只能否健康生长发育，所以广大养殖场（户）进雏前应彻底做好消毒工作。

1. 清扫

进雏前 7~14 天，将鸡舍内粪便及杂物清除干净，清扫天棚、墙壁、地面、塑料网等处。

2. 水冲

用高压喷枪对鸡舍内部及设施进行彻底冲洗（图 1–39）。同时，将鸡舍内所有饲养设备如开食盘、料桶、饮水器等用具都用清水洗干净，再用消毒水浸泡半小时，然后用清水冲洗 2~3 次，放在鸡舍适当位置风干备用。

图 1–39　高压水枪冲洗

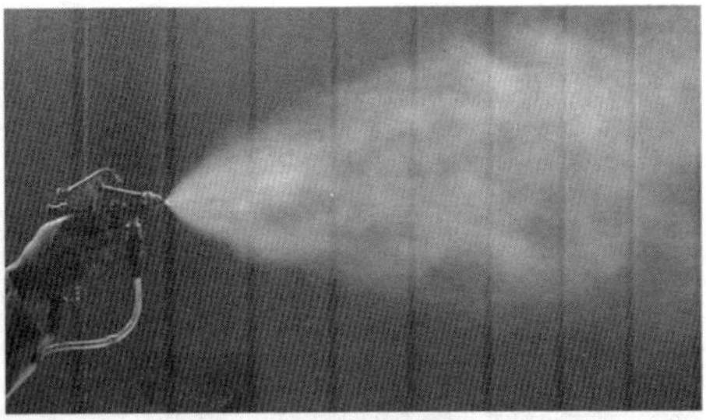

图 1–40　喷雾消毒

3. 消毒

待鸡舍风干后，可用 2%~3% 的火碱溶液对鸡舍进行喷雾消毒（图 1–40）。消毒液的喷洒次序应该由上而下，先房顶、天花板，后墙壁、固定设施，最后是地面，不能漏掉被遮挡的部位，喷洒不留空白。注意消毒药液要按规定浓度配制。鸡舍角落及物体背面，消毒药液喷洒量至少是每平方米 3 毫升。消毒后，最好空舍 2~3 周。

墙壁可用 20% 石灰乳加 2% 的火碱粉刷消毒。对鸡舍的墙壁、地面、笼具等不怕燃烧的物品，对残存的羽毛、皮屑和粪便，可用酒精喷灯进行火焰消毒（图 1–41）。如果采用地面平养，应该在地面风干后铺上 7~10 厘米厚的垫料。

图 1–41　酒精喷灯火焰消毒

4. 熏蒸

在进雏前 3~4 天对鸡舍、饲养设备、鸡舍用具以及垫料进行熏蒸消毒。具体消毒方法是将鸡舍密封好，在鸡舍中央位置，依据鸡舍长度放置若干瓷盆，同时注意盆周围不可堆积垫料，以防失火。对于新鸡舍，可按每立方米空间用高锰酸钾 14 克、福尔马林 28 毫升的药量；对污染严重的鸡舍，用量加倍。将以上药物准确称量后，先将高锰酸钾放入盆内，再加等量的清水，用木棒搅拌湿润，然后小心地将福尔马林倒入盆内，操作人员迅速撤离鸡舍，关严门窗。熏蒸 24 小时以后打开门窗、天窗、排气孔，将舍内气味排净。注意消毒时要使鸡舍温度达 20℃以上、相对湿度达到 70% 左右，这样才能取得较好的消毒效果。在秋冬季节气温寒冷时，在消毒前，应先将鸡舍加温、增湿，再进行消毒。消毒过的鸡舍应将门窗关闭。

六、鸡舍内部准备

（一）铺设垫料，安装水槽、料槽

至少在雏鸡到场一周前在育雏地面上铺设 5~7 厘米厚的新鲜垫料（图 1-42），以隔离雏鸡和地板，防止雏鸡直接接触地板而造成体温下降。作为鸡舍垫料，应具有良好的吸水性、疏松性，干净卫生，不含霉菌和昆虫（如甲壳虫等），不能混杂有易伤鸡的杂物，如玻璃片、钉子、刀片，铁丝等。

网上育雏时，为防止鸡爪伸入网眼造成损伤，要在网床上铺设育雏垫纸、报纸或干净并已消毒的饲料袋（图 1-43）。

图 1-42　铺好垫料的育雏舍

图 1-43　育雏网上铺好已消毒的饲料袋

图 1-44 这些装运垫料的饲料袋子，可能进过许多鸡场，有很大的潜在传染性，不能掉以轻心，绝对不能进入生产区内。

图 1-44

（二）正确设置育雏围栏（隔栏）

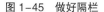

图 1–45　做好隔栏

图 1–46　雏鸡在隔栏内饲养

鸡的隔栏饲养法（图 1–45、图 1–46）有很多好处，主要表现在以下方面。

（1）一旦鸡群状况不好，便于诊断和分群单独用药，减少用药应激。

（2）有利于控制鸡群过大的活动量。

（3）鸡铺隔栏可便于观察区域性鸡群是否有异常现象，利于淘汰残、弱雏。

（4）当有大的应激出现时（如噪声、喷雾等），可减少由应激所造成的不必要损失。

（5）接种疫苗时，小区域隔栏可防止人为造成鸡雏扎堆、热死、压死等现象发生。

（6）做隔栏的原料可用尼龙网或废弃塑料网。高度为 30~50 厘米（与边网同高），每 500~600 只鸡设一个隔栏。

（7）可避免鸡的大面积扎堆、压死鸡现象的发生，减少损失。

若使用电热式育雏伞，围栏直径应为 3~4 米；若使用红外线燃气育雏伞，围栏直径应为 5~6 米。用硬卡纸板或金属制成的坚固围栏可较好地保护雏鸡不受贼风侵袭，使雏鸡围护在保温伞、饲喂器和饮水器的区域内（图 1–47）。育雏期最少需要的饲养面积或长度见表 1–6。

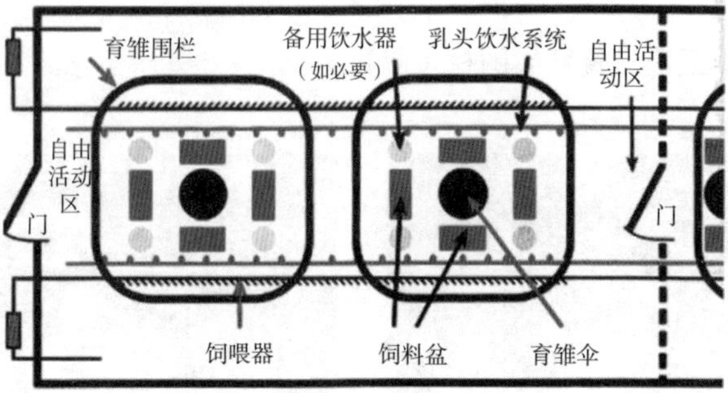

图 1–47　育雏伞育雏示意图

表 1–6　育雏期最少需要的饲养面积或长度（0~4 周龄）

饲养面积：垫料平养	11 只 / 米 ^{2}
采食位：	
（链式）料槽	5 厘米 / 只
圆形料桶（42 厘米）	8~12 只 / 桶
圆形料盘（33 厘米）	30 只 / 盘
饮水位：	
水槽	2.5 厘米 / 只
乳头饮水器	8~10 只 / 个
钟形饮水器	1.25~1.5 厘米 / 只

（三）鸡舍的预温

雏鸡入舍前，必须提前预温，把鸡舍温度升高到合适的水平，对雏鸡早期的成活率至关重要。提前预温还有利于排除残余的甲醛气体和潮气。育雏舍地表温度可用红外线测温仪测定（图 1–48、图 1–49）。

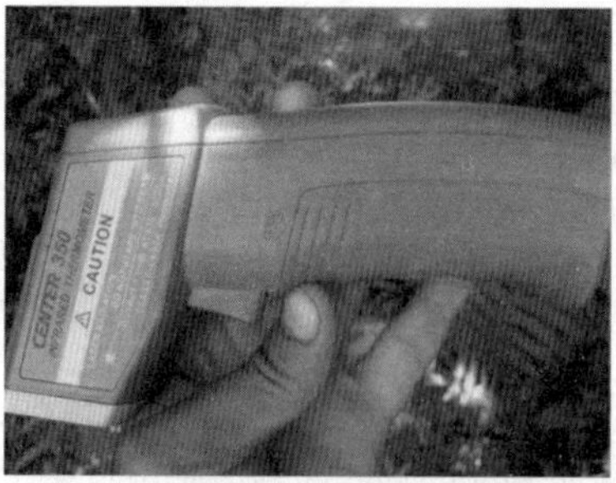

图 1–48　可用红外线测温仪测定鸡舍温度

图 1–49　红外线测温仪

一般情况下，建议冬季育雏时，鸡舍至少提前3天（72小时）预温；而夏季育雏时，鸡舍至少提前一天（24小时）预温。若同时使用保温伞育雏，则建议至少在雏鸡到场前24小时开启保温伞，并使雏鸡到场时，伞下垫料温度达到29~31℃。

使用足够的育雏垫纸或直接使用报纸（图1–50）或薄垫料隔离雏鸡与地板，有利于鸡舍地面、墙壁、垫料等在雏鸡到达前有足够的时间吸收热量，也可以保护小鸡的脚，防止脚陷入网格而受伤（图1–51）。

图1–50　使用报纸堵塞网眼

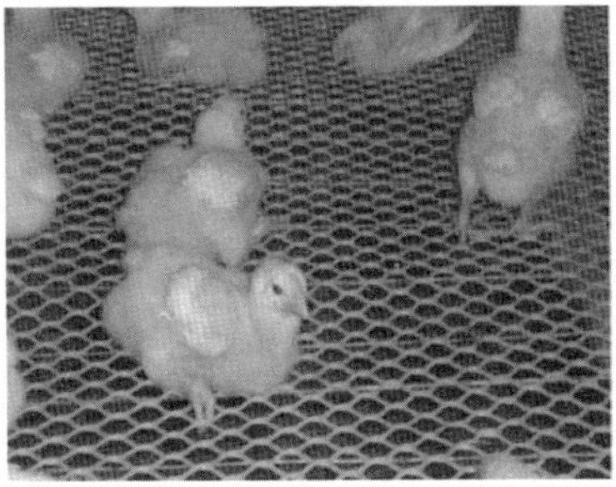

图1–51　雏鸡脚进入网眼易损伤

七、饮水的清洁与预温

保证雏鸡的饮水清洁至关重要。检查饮水加氯系统，确保饮水加氯消毒，开放式饮水系统应保持3毫克/千克水平，封闭式系统在系统末端的饮水器处应达到1毫克/千克水平。因为育雏舍已经预温，水温较高，因此，在雏鸡到达的前一天，将整个水线中已经注满的水更换掉，以便雏鸡到场时，水温可达到25℃，而且保证新鲜。

八、具体工作日程

1. 进雏前14天

舍内设备尽量在舍内清洗；清理雏鸡舍内的粪便、羽毛等杂物；用高压枪冲洗鸡舍、网架、储料设备等。冲洗原则为：由上到下，由内到外；清理育雏舍周围的杂物、杂草等；并对进风口、鸡舍周围地面用2%火碱溶液喷洒消毒；鸡舍冲洗、晾干后，修复网架等养鸡设备；检查供温、供电、饮水系统是否正常。

初步清洗整理结束后，对鸡舍、网架、储料设备等消毒一遍，消毒剂可选用季铵盐、碘制剂、氯制剂等，为达到更彻底的消毒效果，可对地面等进行火焰喷射消毒。如果上一批雏鸡发生过某种传染病，需间隔30天以上方可进雏，且在消毒时需要加大消毒剂剂量；计算好育雏舍所能承受的饲养能力；注意灭鼠、防鸟。

2. 进雏前7天

将消毒彻底的饮水器、料盘、粪板、灯伞、小喂料车、塑料网等放入鸡舍；关闭门窗，用报纸密封进风口、排风口等，然后用甲醛熏蒸消毒；进雏前3天打开鸡舍，移出熏蒸器具，然后用次氯酸钠溶液消毒一遍；鸡舍周围铺撒生石灰并洒水，起到环境消毒的作用；调试灯光，可采用60瓦白炽灯或13瓦节能灯，高度距离鸡背部50~60厘米为宜。

准备好雏鸡专用料（开口料）、疫苗、药物（如支原净、恩诺沙星等）、葡萄糖粉、电解多维等；检查供水、照明、喂料设备，确保设备运转正常；禁止闲杂人员及没有消毒过的器具进入鸡舍，等待雏鸡到来。

采购的疫苗要在冰箱中保存（按照疫苗瓶上的说明保存）。

3. 进雏前1天

进雏前1天，饲养人员再次检查育雏所用物品是否齐全，比如消毒器械、消毒药、营养药物及日常预防用药、生产记录本等；检查育雏舍温度、湿度能否达到基本要求，春、夏、秋季提前1天预温，冬季提前3天预温，雏鸡所在的位置能够达到35℃；鸡舍地面洒适量的水，或舍内喷雾，保持合适的湿度。

鸡舍门口设消毒池（盆），进入鸡舍要洗手、脚踏消毒池（盆）；地面平养蛋鸡，铺好垫料。

第五节　雏鸡的饲养管理

0~42日龄称为育雏期，是培育优质蛋鸡的初始和关键阶段，需要通过细致、科学的饲养管理，培育出符合品种生长发育特征的健壮合格鸡群，为以后蛋鸡阶段生产性能的充分发挥打下良好基础。

一、饲养管理的总体目标

（1）鸡群健康，无疾病发生，育雏期末存活率在 99.0% 以上。

（2）体重周周达标，均匀度在 85% 以上，体型发育良好。

（3）育雏期末，新城疫抗体均值达到 6log2，禽流感 H5 抗体值 5log2、H9 抗体值 6log2，抗体离散度 2~4，法氏囊阳性率达到 100%。

二、饲养管理关键点

（一）饮水管理

饮水管理的目标是：保证饮水充足、清洁卫生。

1. 初饮

雏鸡到达后要先饮水后开食。初饮最好选择 18~20℃的温开水。初饮时要仔细观察鸡群，对没有喝到水的雏鸡进行调教（图 1–52）。

图 1–52 教雏鸡学会饮水

雏鸡卵黄囊内各种营养物质齐全（包括水），能保证雏鸡 3 天内正常生命活动需要，所以不要担心雏鸡在运输途中脱水，在最初 1~2 天的饮水中添加电解质、维生素或所谓开口药是多此一举，也是没有必要的。除非雏鸡出雏超过72小时或在运输途中超过48小时，且又长时间处在临界热应激温度中，在接雏后的第2遍饮水中，可添加一些多维、电解质，每次饮水2小时为限，每天1次，2天即可，如果雏鸡已开食了，就不需要了。

如果不喂开口药心里不踏实，或者为了净化雏鸡肠道内的大肠杆菌和沙门氏菌，预防白痢和脐炎发生，提高成活率，也可选择抗生素类药物作为开口药。但是，要在说明书推荐用量的基础上，再加倍对水稀释，而不是加倍加药，每天喂的时间不应超过2小时，喂2天即可。雏鸡开口药禁用喹诺酮类药物（如氧氟沙星、环丙沙星、诺氟沙星等）。此类药物损害雏鸡的骨骼，影响雏鸡的生长发育，严重者可造成雏鸡瘫腿，且氧氟沙星、诺氟沙星等已于2016年12月31日起禁用。氯霉素及磺胺类药物（如氟苯尼考、甲砜霉素等）可抑制母源抗体，用了这类药物可导致过早出现新城疫和法氏囊病，不宜作为开口药使用。氨基糖苷类药物（如庆大霉素、卡那霉素等），这类药物有肾毒性，此类药物损害雏鸡的肾脏和神经系统，也不宜作为开口药使用。

近年来，雏鸡因喂开口药中毒事件很多。原因：① 由于竞争激烈，药厂为增加卖点，把电解质、维生素与抗生素混合在一起，这种含抗生素少，含食盐、葡萄糖多的混合制剂价格便宜，诱惑性大。② 这种混合制剂当抗生素用没什么效果。通过药厂的宣传，养殖户拿它当药用，并且习惯于加大剂量。③ 说明书模糊不清，夸大药效，没有考虑到雏鸡在最初几天内是全天光照、饮水、喂料。

2. 饮水工具

前3~4天使用真空饮水器，然后逐渐过渡到乳头饮水器。要及时调整饮水管高度，一般3~4天上调1次，保证雏鸡饮水方便。

3. 饮水卫生

使用真空饮水器时每天清洗1次，饮水管应半个月冲洗消毒1次。建议建立饮水系统清洗、消毒记录。

（二）喂料管理

喂料管理的总体要求是：营养、卫生、安全、充足、均匀。

1. 饲料营养

开食时选择营养全面、容易消化吸收的饲料，建议前 10 天饲喂幼雏颗粒料，11~42 天饲喂雏鸡开食料。

2. 雏鸡开食

开食时饲喂强化颗粒料，每次每只鸡喂 1 克料，每 2~3 小时喂一次，将料潮拌后均匀地撒到料盘上。第 4 天开始使用料槽，使用料槽后应注意：及时调整调料板的高度，方便雏鸡采食；每天饲喂 2~4 次，至少匀料 3~4 次，保证每只鸡摄入足够的饲料，开灯时需匀一遍料，喂料不均匀易造成个别鸡发育不好。

3. 饲料储存

饲料要储存在干燥、通风良好处，定期对储料间进行清理，防止饲料发霉、污染和浪费。

4. 监测和记录鸡群的日采食量（雏鸡的采食量可参考表 1–7）

详细了解鸡群的采食情况。

表 1–7　蛋用型雏鸡饲料需要量

周龄	每天每只料量（克）	每周每只料量（克）	累计料量（千克）
1	10	70	0.07
2	18	126	0.19
3	26	182	0.38
4	33	231	0.60
5	40	280	0.88
6	47	329	1.21
7	52	364	1.58
8	57	399	1.98
9	61	427	2.40
10	64	448	2.58
11	66	462	3.31
12	67	469	3.78
13	68	476	4.26
14	69	483	4.74

（续表）

周龄	每天每只料量（克）	每周每只料量（克）	累计料量（千克）
15	70	490	5.23
16	71	497	5.73
17	72	504	6.23
18	73	517	6.75
19	75	525	7.27
20	77	539	7.81

（三）光照管理

科学正确的光照管理，能促进后备鸡骨骼发育，适时达到性成熟。对于初生雏，光照主要影响其对饲料的摄取和休息。雏鸡光照的原则是：让雏鸡快速适应环境、避免产生啄癖。

出壳头 3 天雏鸡的视力弱，为了保证采食和饮水，一般采用每昼夜 24 小时光照，也可每昼夜 23 小时连续光照，1 小时黑暗的办法，以便使雏鸡能适应万一停电时的黑暗环境。第 1 周光照强度应控制在 20 勒克斯以上，可以使用 60 瓦白炽灯。从第 4 天起光照时间每天减少 1 小时。为防止啄癖发生，2~3 周龄后光照强度要逐渐过渡到 5 勒克斯（5 瓦节能灯）。

（四）温度管理

适宜的温度是保证雏鸡健康和成活的首要条件。育雏期温度不平稳或者出现冷应激，会降低鸡群的免疫力，进而诱发感染多种疾病，造成死淘率增高或进入产蛋期后难以实现鸡群产蛋上高峰。因此，育雏期温度是否稳定是雏鸡群健康的基础，育雏阶段做好鸡群的温度控制对于预防疾病的发生具有非常重要的意义。

1. 鸡舍温度控制

温度设定应符合鸡群生长发育需要，通过鸡舍通风和供暖设备的控制，实现对鸡舍温度的调控，保证温度的适宜、稳定和均匀。

（1）鸡舍温度符合雏鸡生理需求。雏鸡所需的适宜温度随着日龄的增加而逐渐降低，育雏前 3 天温度为 35~37℃，以后每周下降 2℃，最终稳定在 22~25℃。第 1 周龄适宜的湿度为 55%~65%；第

2 周龄适宜的湿度为 50%~65%；第 3 周龄以后保持 55% 左右（表 1–8）。

表 1–8　推荐育雏期舍内适宜的温湿度标准

饲养阶段 / 日龄	温度 /℃	相对湿度 /%
1~3	35~37	50~65
4~7	33~35	50~65
8~14	31~33	50~65
15~21	29~31	50~55
22~28	27~29	40~55
29~35	25~27	40~66
36~42	23~25	40~55

育雏鸡舍温度设置程序可参考表 1–9。

表 1–9　推荐温度设置程序

日龄	目标（℃）	加热（℃）	冷却（℃）
1	38	37.5	38.5
4	34.5	34	35
8	32.5	32	33
15	30.5	30	31
22	28.5	28	29
29	26.5	26	27
36	25	24.5	25.5

（2）不同育雏法的温度管理。

① 温差育雏法。就是采用育雏伞作为育雏区域的热源进行育雏。前 3 天，在育雏伞下保持 35℃，此时育雏伞边缘有 30~31℃，而育雏舍其他区域只需要有 25~27℃即可。这样，雏鸡可根据自己的需要，在不同温层下进进出出，有利于刺激其羽毛的生长，将来脱温后雏鸡将很强壮并且很好养。

随着雏鸡的长大，育雏伞边缘的温度应每 3~4 天降 1℃左右，直到 3 周龄后，基本降到与育雏舍其他区域的温度相同（22~23℃）即可。此后，可以停止使用育雏伞。

雏鸡的行为和鸣叫声将表明鸡只舒适的程度。如果育雏期内雏鸡过于喧闹，说明鸡只不舒服。最常见的原因是温度不太适宜。

育雏伞下温度是否合适，可通过观察雏鸡的分布情况来判断（图 1–53）。

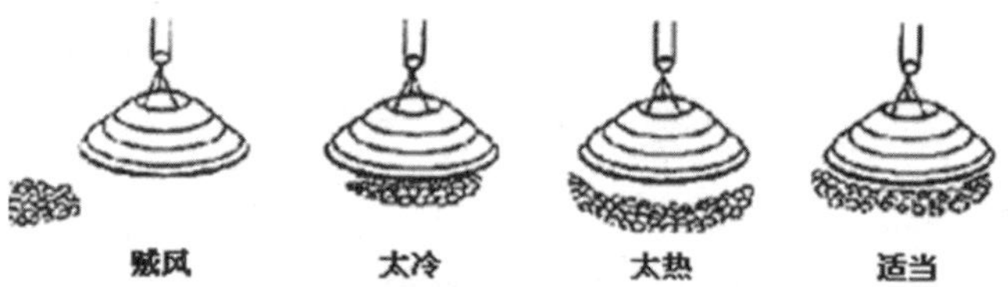

图 1–53　育雏伞下育雏是温度变化与雏鸡表现

雏鸡受冷应激时，雏鸡会堆挤在育雏伞下，如育雏伞下温度太低，雏鸡就会堆挤在墙边或鸡舍支柱周围，雏鸡也会乱挤在饲料盘内，肠道和盲肠内物质呈水状和气态，排泄的粪便较稀且出现糊肛现象。育雏前几天，雏鸡因育雏温度不够而受凉，会导致死亡率升高、生长速率降低（体重最低要超过 20%）、均匀度差、应激大、脱水以及较易发生腹水症的后果。

雏鸡受热应激时，雏鸡会俯卧在地上并伸出头颈张嘴喘气。雏鸡会寻求舍内较凉爽、贼风较大的地方，特别是远离热源沿墙边的地方。雏鸡会拥挤在饮水器周围，使全身湿透。饮水量会增加。嗉囊和肠道会由于过多的水分而膨胀。脱水可导致死亡率高，出现矮小综合征和鸡群均匀度差；饲料消耗量降低，导致生长速率和均匀度差；最严重的情况下，由于心血管衰竭（猝死症）的死亡率较高。

② 整舍取暖育雏法。与温差育雏法（也叫局域加热育雏法）不同的是，整舍取暖育雏法采用锅炉作为热源，在舍内通过暖气片（或热风机）散热供暖；或者采用热风炉作为热源供暖。因此，整舍取暖育雏法也叫中央供暖育雏法。

由于不使用育雏伞，鸡舍内不同区域没有明显的温差，所以利用雏鸡的行为作温度指示有点困难。这样雏鸡的叫声就成了雏鸡不适的仅有指标。只要给予机会，雏鸡愿意集合在温度最适合其需要的地方。在观察雏鸡的行为时要特别小心。雏鸡可能集中在鸡舍内的某个地方，显示出成堆集中的现象，但别以为这就是因为鸡舍内温度过低的缘故，有时候，这也可能是因为鸡舍其他地方太热了。一般来说，如果雏鸡均匀分散，就表明温度比较理想（图 1–54）。

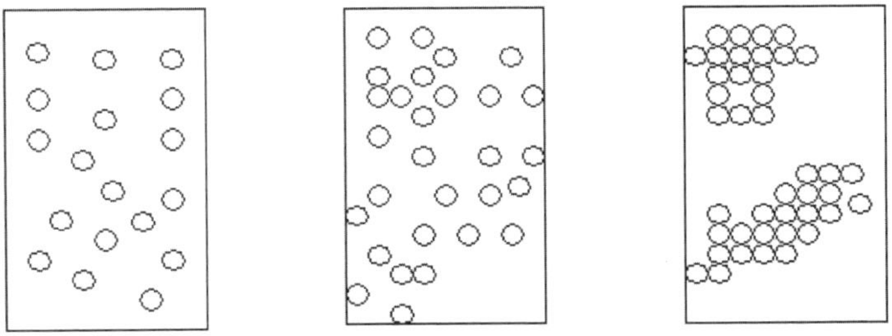

图 1–54　整舍取暖育雏法育雏温度的观察

在采用整舍取暖育雏时，前 3 天，在育雏区内，雏鸡高度的温度应保持在 29~31℃。温度计（或感应计）应放在离地面 6~8 厘米的位置，这样才能真实反映雏鸡所能感受的真实温度。以后，随着雏鸡的长大，在雏鸡高度的温度应每 3~4 天降 1℃左右，直到 3 周龄后，基本降到 21~22℃即可。

以上两种育雏法的育雏温度可参考表 1–10 执行。

表 1–10　不同育雏法育雏温度参考值

整舍取暖育雏法		温差育雏法		
日龄	鸡舍温度（℃）	日龄	育雏伞边缘温度（℃）	鸡舍温度（℃）
1	29	1	30	25
3	28	3	29	24
6	27	6	28	23
9	26	9	27	23
12	25	12	26	23

（续表）

整舍取暖育雏法		温差育雏法		
日龄	鸡舍温度（℃）	日龄	育雏伞边缘温度（℃）	鸡舍温度（℃）
15	24	15	25	22
18	23	18	24	22
21	22	21	23	22

（3）看鸡施温。“看鸡施温”对于育雏来说非常重要。由于鸡群饲养密度、鸡舍结构、鸡群日龄不同和外界气候复杂多变，一个程序并不能适合每批鸡，不能适合每个饲养阶段，需要根据鸡群的实际感受及时调整。尤其在外界天气突然变化和免疫接种后，雏鸡往往会有所反应，作为饲养人员应仔细观察鸡群变化（图 1–55）。

图 1–55　不同温度下鸡群的行为信号

2. 保证源头上稳定

（1）进鸡顺序。上述温度标准以日龄最小的栋为主，进鸡顺序为按照距离锅炉房由远到近的顺序进行。

（2）制定供暖设备温度管理程序。要制定切合实际的供暖设备温度管理程序（表 1–11）。供暖的稳定性直接影响鸡舍温度的稳定，最好采用自动控温锅炉或者加热器，降低人为因素造成的温度波动，而且可以很大程度上降低人员劳动强度。

3. 保证空间上均匀

通过对各组暖气、通风方式的调控，以及对鸡舍漏风部位的管理，实现鸡舍不同位置温度的均匀一致。标准是鸡舍各面、上下温度在 0.5℃之内，前后温差在 1℃之内。每栋鸡舍悬挂 8 块以上温度计，

表 1–11　推荐供暖设备温度管理程序

进鸡时间	锅炉回水温度 /℃	一天内温差
第一周	55~50	锅炉温度一天变化 ≤ 5℃，鸡舍一天变化 ≤ 1℃
第二周	55~52	
第三周	52~49	
第四周	49~46	
第五周	46~43	
第六周	43~40	

每天记录各部位温度值，出现温差超过标准时及时反馈和调整；并且在每次调整暖气、风机、进风口后关注各点温度变化。

常见的温度不均匀的原因见表 1–12。

表 1–12　温度不均匀的原因分析

内容	原因分析
前面温度低	门板缝隙漏风；操作间漏风；前面窗户开的多
前面温度高	暖气开的多；前面窗户开的多
后面温度低	风机开的时间长；窗户开的大；后面窗户开的多；后面粪沟、后门、风机漏风
后面温度高	风机开的时间短；窗户开的小；后门窗户关的多
上下温差大	暖气开的少；风吹不到中间
各面温度不匀	暖气开启不合理；通风不均

（1）漏风部位及时补救，确保鸡舍密闭性。在进鸡前对鸡舍粪沟的插板进行修补，粪沟外安装帘子；对门板缝隙较大的地方用胶条密封，鸡舍的前门、后门悬挂门帘，以此来阻挡贼风；对于暂不使用的风机，入口处用泡沫板密封。通过以上措施达到既可保温、又可阻挡贼风的目的。

（2）进鸡之前，对各栋风机的转速进行测定。检查风机的皮带是否松弛；对各鸡舍的风机转速进行实际测定，因为由于风机设备的老化、磨损，各栋的风机转速是稍有差异的，也会导致各鸡舍的温度不一致。

（3）进鸡前，对侧墙的进风口进行维修。目的是将冷空气喷射到鸡舍中央天花板附近，充分与舍内的热空气混合均匀后吹向鸡群。可在进鸡之前，把各栋小窗松动的加以固定；校对小窗导流板的角度，确保每个小窗的开启大小一致。

上述两项在鸡舍整理的过程中容易被忽略。小窗的松动会导致进风口风向的改变，喷射不到鸡舍中央天花板，再加之小窗导流板的角度不一致，导致凉风吹过中央天花板直接落到对面，冷风直接吹向鸡群，容易受到冷应激。

（4）校对舍内温度计，使其显示的温度准确。实际生产管理中，广大生产管理者往往忽略上述事项。而正是温度计不能准确地显示温度，造成管理者判断上的失误，对鸡群健康造成危害。

在规模化育雏场，采用供暖设备集中供暖，通过控制锅炉温度实现鸡舍温度稳定，是实现雏鸡前期健康的一个好的方法。在进雏前，为供暖设备制定一个温度程序，对风机转速、鸡舍密闭性、窗户开启大小、导流板角度进行全面检查，及时维修，确保育雏温度适宜、均匀和稳定，为雏鸡群健康打好基础。

（五）湿度管理

湿度是创造舒适环境的另一个重要因素，适宜的湿度和雏鸡体重增长密切相关。湿度管理的目标是：前期防止雏鸡脱水；后期防止呼吸道疾病。舍内湿度合适时，人感到湿热、不口燥，雏鸡胫趾润泽细嫩，活动后无过多灰尘。

雏鸡进入育雏舍后，必须保持适当的相对湿度，最少55%。不同的相对湿度下需达到相对应的温度（表1-13）。寒冷季节，当需要额外的加热，假如有必要，可以安装加热喷头，或者在走道泼洒些水，效果较好（图1-56）；当湿度过高时，可使用风机通风。

表1-13　在不同的相对湿度下达到标准温度所对应的干球温度

日龄（天）	目标温度（℃）	相对湿度（%）	不同相对湿度下的温度（℃）理想			
		范围	50%	60%	70%	80%
0	29	65~70	33.0	30.5	28.6	27.0

（续表）

日龄（天）	目标温度（℃）	相对湿度（%）	不同相对湿度下的温度（℃）			
			理想			
		范围	50%	60%	70%	80%
3	28	65~70	32.0	29.5	27.6	26.0
6	27	65~70	31.0	28.5	26.6	25.0
9	26	65~70	29.7	27.5	25.6	24.0
12	25	60~70	27.2	25.0	23.8	22.5
15	24	60~70	26.2	24.0	22.5	21.0
18	23	60~70	25.0	23.0	21.5	20.0
21	22	60~70	24.0	22.0	20.5	19.0

图 1-56　在走道里洒水提高湿度

（六）通风管理

风速适宜、稳定，换气均匀。保证鸡舍内充足的氧气含量；排热、排湿气；减少舍内灰尘和有害气体的蓄积。

（1）0~4 周龄，以保温为主、通风为辅，确保鸡群正常换气；5 周龄以后以通风为主，保温为辅。以鸡群需求换气量为基础，做好进气口和排风口的匹配。

（2）育雏前期，采用间歇式排风，安排在白天气温较高时进行，通风前要先提高舍温 1~2℃。

（3）进风口要添加导流装置，使进入鸡舍的冷空气充分预温后均匀吹向鸡群；要杜绝漏风，防止贼风吹鸡；检查风速，前 4 周风速不能超过 0.15 米 / 秒，否则容易吹鸡造成发病。

（七）体重管理

育雏期要求体重周周达标，均匀度达到 80%，变异系数在 0.8 以内。

育雏期各阶段鸡的体重和均匀度是衡量鸡群生长发育好坏的重要指标，应重点做好雏鸡体重测量工作。

1. 称测时间

从第 1 周龄开始称重，每周称重 1 次，每次称测时间应固定，在上午鸡群空腹时进行。

2. 选点

每次称测点应固定，称测时每层每列的鸡笼都应涉及，料线始末的个体均应称重。

3. 措施

测完体重后，如果出现发育迟缓、个体间差异较大等问题，应立即查找原因，制定管理对策使其恢复成正常鸡群。对不同体重的鸡群采用不同的饲喂计划，促进鸡群整体均匀发育。

（八）断喙

1. 适时断喙

一般来说，断喙在 5~6 日龄时进行较好，此时鸡只小，便于操作，并且还可以有效防止早期啄癖的发生。如日龄过小时进行断喙，会导致雏鸡脱水及其他较大的应激，而且雏鸡的喙过于短小，不利于操作；日龄过大，如有的养殖者选择在 1 月龄甚至更大日龄时进行断喙，这时喙部的血管和神经丰富，会使断喙难度增大，对鸡只造成过强的应激而严重影响其正常的生长发育。需要注意的是，在鸡群发病、接种疫苗、温度过高等处于应激的状态下以及雏鸡体质虚弱等情况下均不宜进行断喙，需等到鸡群恢复正常时才能进行断喙。

2. 做好断喙准备

断喙前 2 天至断喙后 3 天这段时间内，应在饲料或饮水中加入适量的多种维生素(尤其是维生素K、维生素C，在饮水中的浓度分别为4克/升和20克/升)，以利于止血和增加抗应激性。断喙前6小时内，停止饲喂。生产中，可根据需要选用电热断喙机或感应式电烙铁等断喙器。为了保证断喙效果，宜选用具有自动控制功能的带高温刀片的精确断喙器。对于操作人员的要求，需要由有经验的饲养员专人断喙，以确保断喙效果。另外，断喙前还应对断喙器进行清洁、消毒。

3. 断喙操作

当断喙器的刀片温度达到650~750℃时，即可进行断喙操作。左手抓住鸡的腿部，右手大拇指放在鸡头的后部，食指放在咽下，稍用力压，使舌头向后缩回，避免伸到刀刃下而受伤。烧烙时间一般控制在3秒以内，以使剪断的部位呈焦黄色为佳。严禁刀片温度过高和烧烙时间过长，因为这样会使喙部软化，甚至使舌尖变形，影响以后的生产性能。同时，也要求刀片温度不可过低，否则不能起到烧烙止血的效果。另外，还要求刀片要锋利，否则喙会被压碎而不是被快速切除。一般情况下，切除部位在上喙到鼻孔的2/3、下喙的1/3处(图1–57、图1–58)。要求上下喙能够整齐闭合，避免出现“地包天”或“天盖地”。公雏断喙的长度约为母雏长度一半。个别鸡只在断喙后会流血，所以要仔细观察断喙后的鸡群，对流血的可酌情重新烧烙止血。若对青年母鸡进行断喙，操作与初级基本相同，一手握住鸡翅膀根部，一手保定头部，大拇指放在眼眶上下沿，食指放在咽下，施加压力使鸡舌缩回，上下喙闭合整齐，从鼻孔的下沿1/3断去。断喙时，要组织好人力物力，保证在最短时间内完成断喙。通常

图1–57　雏鸡断喙

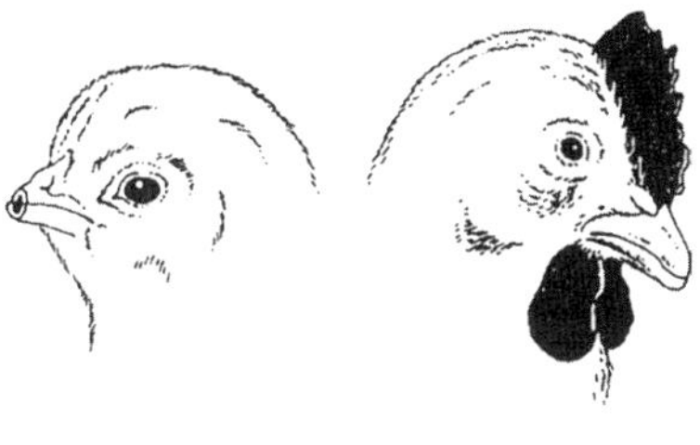

图1–58　断喙前后的雏鸡

而言，断喙速度保持在每分钟不低于 15 只。对同一鸡舍内的鸡只进行断喙时，最多不能超过 2 天。夏季时，要在一天中较为凉爽的时候进行，一般来说，要求环境温度不能高于 27℃。另外，还要求抓鸡动作要轻，不宜粗暴，以免造成更大应激。

4. 术后护理

由于断喙产生的疼痛等不舒适感会使雏鸡饮水、采食困难，所以应采取相应的技术措施，使断喙对鸡只产生的应激降低到最小限度，保证尽快康复：断水 3 小时，避免断喙部位由于触水而造成出血；在饮水中加入蒽诺沙星或其他抗生素，以防引起慢性呼吸道疾病和细菌感染（但需注意断喙前后两天内不能投喂磺胺类药物，因其会延长流血）；改用饮水杯或降低水压以保证饮水效果；饲喂粉料，并要求槽内饲料厚度 3 厘米以上，同时提高日粮营养水平；适当提高舍内的光照强度、延长光照时间；提高舍内温度 2~3℃；尽量避免和减少抓鸡、转群、免疫等各种应激。

5. 合理修喙

如果初次断喙效果不好，或断喙后喙长的不好，则需进行第二次断喙，即修喙：修喙可在雏鸡 5~8 周龄时进行。操作方法与第一次基本相同。如果鸡的日龄较大，则可用左手大拇指和食指握住翅膀根部，左手小拇指勾住鸡左侧小腿部，右手保定头部，大拇指放在头部，食指放在咽喉部，施加适当压力使舌头回缩、上下喙闭合整齐。操作时，一定要注意避免烫伤鸡的舌头。需要注意的是，在生产中要争取断喙一次成功，尽量不用二次断喙，这样既可减免对鸡产生的应激作用，也可减少工作量的不必要投入。另外，对处于产蛋期用于交配的公鸡以及患有啄癖的个别鸡只也要进行适当的断喙。

（九）日常管理

1. 检查雏鸡的健康情况

（1）经常检查饲槽、水槽（饮水器）的采食饮水位置是否够用，规格是否需要更换，并通过喂料的机会，观察雏鸡对给料的反应、采食的速度、争抢的程度、饮水的情况，以了解雏鸡的健康情况。一般雏鸡减食或不食有以下几种情况：饲料质量下降，饲料品种或喂料方法突然更换；饲料发霉变质或有异味；育雏温度经常波动，饮水供给不足或饲料中长期缺少砂粒等；鸡群发生疾病等。

（2）经常观察雏鸡的精神状态，及时剔除鸡群中的病、弱雏，病、弱雏常表现出离群、闭眼呆立、羽毛蓬松不洁、翅膀下垂、呼吸有声等。经常检查鸡群中有无恶癖，如啄羽、啄肛、啄趾及其他异食等现象，检查有无瘫鸡、软脚等，以便及时判断日粮中营养是否平衡。

（3）每天早晨要注意观察雏鸡粪便的颜色和形状是否正常，以便于判定鸡群是否健康或饲料的质量是否发生问题。雏鸡正常的粪便应该是：刚出壳尚未采食的幼雏排出的胎粪为白色和深绿色稀薄液体，采食以后便呈圆柱形、条状、颜色为棕绿色，粪便的表面有白色的尿酸盐沉着，有时早晨单独排出盲肠内的粪便呈黄棕色糊状，这也属于正常粪便。

病理状态的粪便可能有以下几种情况：肠炎腹泻，排出黄白色、黄绿色附有黏液、血液等的恶臭粪便（多见于新城疫、霍乱、伤寒等急性传染病时）；尿酸盐成分增加，排出白色糊状或石灰浆样的稀粪（多见于雏鸡白痢、传染性法氏囊等）；肠炎、出血、排出棕红色、褐色稀便，甚至血便（多见于球虫病）等。

（4）采用立体笼育的要经常检查有无跑鸡、别翅、卡脖、卡脚等现象。要经常清洁饲料槽，每天冲洗饮水器，垫料勤换勤晒，保持舍内清洁卫生。保持空气新鲜，无刺激性气味。

2. 适时分群

由于雏鸡出壳有迟有早，体质有强有弱，开食有好有坏以及疾病等的影响，使雏鸡生长有快有慢、参差不齐，必须及时将弱小的雏鸡分群管理，使其生长一致，提高成活率。按时接种疫苗，检查免疫效果。

3. 定期称重

（1）各育种公司都制定了自己商品鸡的标准体重（表 1-14），如果雏鸡在培育过程中，各周都能按标准体重增长，就可能获得较理想的生产成绩。

表 1–14　商品蛋鸡标准体重与日采食量

周龄	周末体重（克）	日采食量（克）
1	75	12
2	125	18
3	195	24
4	275	32
5	365	42
6	450	44

（2）测重和记录体重增长情况和采食量的变化，是饲养管理好坏及鸡群是否健康的一个反映 每日必须记录采食量，每 1~2 周必须抽测 1 次雏鸡的体重，这样可以随时掌握鸡群的情况（表 1–15）。

表 1–15　海兰褐壳蛋鸡育雏期给料量与体重指标

周龄	日耗量（克）	累计（克）	体重（克）
1	13	91	55
2	20	231	105
3	25	406	170
4	29	609	260
5	33	840	360
6	37	1099	480

（3）雏鸡由于长途运输、环境控制不适宜、各种疫苗的免疫、断喙、营养水平不足等因素的干扰，一般在育雏初期较难达到标准体重。除了尽可能地减轻各种因素的干扰，减少雏鸡的应激外，必要时可提高雏鸡料的营养水平，而在雏鸡体重没达到标准之前，即使过了 6 周龄，也应使用营养水平较高的育雏鸡料。

表 1–16 中所列中型蛋雏鸡的标准体重和采食量，在育雏时可以用来参考雏鸡喂料的标准，不同品种，饲料营养不同喂料量不同，如果饲料营养水平稍低或是在冬季，雏鸡的日采食量应该大于以上数据。

定期称测 50~100 只雏鸡，取其平均数与标准体重对比，若相差太大，应及时查明原因，采取措施，保证雏鸡正常生长发育。

表 1–16　中型蛋雏鸡的体重标准与日采食量

周	周末体重（克）	日采食量（克）	累计采食量（千克）
1	70	10	0.7
2	140	18	0.2
3	200	26	0.38
4	300	33	0.61
5	380	37	0.87
6	470	41	1.15

注：饲料代谢能为 2 900 千卡，粗蛋白质为 19.0%

4. 及时转群

一些鸡场在鸡群满 42 日龄后，需要转入育成鸡舍。炎热季节最好在清晨或傍晚进行，冬季可在晴天中午进行。

（1）转群的方法。① 准备好育成舍。鸡舍和设备必须进行彻底的清扫、冲洗和消毒，在熏蒸后密闭 3~5 天再使用。② 调整饲料和饮水。转群前后 2~3 天内增加多种维生素 1~2 倍或饮电解质溶液；转群前 6 小时应停料；转群后，根据体重和骨骼发育情况逐渐更换饲料。③ 清理和选择鸡群。将不整齐的鸡群，根据生长发育程度分群分饲，淘汰体重过轻、有病、有残的鸡只，彻底清点鸡数，并适当调整密度。

（2）转群时注意的问题。① 鸡舍除应该提前做好清洗消毒外，还需注意温度，特别是在秋季、冬季和开春时节，必须将舍温升到与当时育雏舍相当的程度，不得低于育雏舍 4℃以上，否则可能会引发呼吸道病和其他疾病。② 转群可以用转群笼或用手提双腿转移，用手提时一次不可太多，每只手里不应超过 5 只，动作一定要轻缓，不可粗暴。③ 为减少应激，夏季应在清晨开始转群，午前结束；冬季应在较温暖的午后进行，避开雨雪天和大风天。④ 为避免刚转群的鸡互啄打架，转群后的 2 天内，应使舍内光照弱些，时间稍短些，待相互熟悉后再恢复正常光照。⑤ 转群后进入一个陌生的环境，面对不熟悉的伙伴，对鸡来说是个很大的应激，采食量的下降也需 2~3 天才能恢复。如果鸡群状况不太好时，不要同时进行免疫断喙，以免加重鸡的应激。⑥ 转群后第一天的饲喂量降低为原喂量的 70%，待鸡情绪稳定后，再逐渐增加饲喂量，这样可以减少鸡群因转群引起的应激，减少病死鸡。

三、育雏成绩的判断标准

1. 育成率的高低是个重要指标

良好的鸡群应该有95%以上的育雏成活率，但它只表示了死淘率的高低，不能体现培育出的雏鸡质量如何。

2. 检查平均体重是否达到标准体重，能大致地反映鸡群的生长情况

良好的鸡群平均体重应基本上按标准体重增长，但平均体重接近标准的鸡群中也可能有部分鸡体重小，而又有部分鸡超标。

3. 检查鸡群的均匀度

鸡群的均匀度是检查育雏好坏的最重要的指标之一。如果鸡群的均匀度低则必须追查原因，尽快采取措施。鸡群在发育过程中，各周的均匀度是变动的，当发现均匀度比上一周差时，过去一周的饲养过程中一定有某种因素产生了不良的影响，及时发现问题，可避免造成大的损失。

4. 耗料量

每只鸡要求耗料量在1.8千克 ±10%。

以上这四项指标也可以作为生产指标应用于管理之中，若超标则奖，低标则罚。这种生产指标承包式管理可以激发全体员工工作的积极性和创造性。

5. 做好记录

育雏过程中，要做好育雏的各项记录，制订并填写好以下表格（表1–17、表1–18、表1–19）

表 1–17 育雏记录表

品种———— 入舍鸡数———— 入舍日期————

日龄	周龄	耗料情况		鸡群情况					周末平均体重（克）	环境条件					卫生防疫			
		日总耗料量（千克）	只日耗料量（千克）	淘汰数（只）	死亡数（只）	转入数（只）	转出数（只）	存栏数（只）		光照时间（小时）	光照强度（勒克斯）	最高室温（℃）	最低室温（℃）	室内湿度（%）	用药情况	免疫情况	消毒情况	清粪情况
1																		
2																		
3																		
…																		
合计																		

饲养员________

表 1–18　育雏汇总表

批次	进雏日期	品种	育雏数（只）	周龄成活率（%）	转群日期	育雏天数	转群时成活率（%）	饲养员姓名	备注
1									
2									
3									
…									
合计									

统计汇总______审核________ ______年____月____日

表 1–19　月育雏生产记录表

品种（品系）					入舍日期				
批次（代号）					入舍数量				
转群日期					转群数量				
月	日龄	育雏数	鸡群变动		存活率（%）	日耗料量		标准耗料（克）	体重（克）
			病死	淘汰		总量（千克）	每只（克）		
1…12 合计平均									

四、育雏失败的原因

1. 第一周死亡率高

（1）细菌感染。大多是由种鸡垂直传染，或种蛋保管过程及孵化过程中卫生管理上的失误引起的。为避免这种情况造成较大损失，可在进雏后正确投服开口药。

（2）环境因素。第一周的雏鸡对环境的适应能力较低，温度过低鸡群扎堆，部分雏鸡被挤压窒息死亡，某段时间在温度控制上的失误，雏鸡也会腹泻得病。因此，要加强环境控制。

2. 体重落后于标准

（1）现在的饲养管理手册制定的体重标准都比较高，育雏期间多次免疫，还要进行断喙，应激因素太多，所以难以完全按标准体重增长。

（2）体重落后于标准太多时应多方面追查原因。①饲料营养水平太低。②环境管理失宜。育雏温度过高或过低都会影响采食量，活动正常的情况下，温度稍低些，雏鸡的食欲好，采食量大。舍温过低，采食量会下降，并能引发疾病。通风换气不良，舍内缺氧时，鸡群采食量下降，从而影响增重。③鸡群密度过大。鸡群内秩序混乱，生活不安定，情绪紧张，长期生活在应激状态下，影响生长速度。④照明时间不足，雏鸡采食时间不足。

（3）雏鸡发育不齐。①饲养密度过大，生活环境恶化。②饮食位置不足。群体内部竞争过于激烈，使部分鸡体质下降，增长落后于全群。③疾病的影响。感染了由种鸡带来的白痢、支原体等病或在孵化过程被细菌污染的雏鸡，即使不发病，增重也会落后。

（4）饲养环境控制失误。如局部地区温度过低，部分雏鸡睡眠时受凉或通风换气不良等因素，产生严重应激，生长会落后于全群。

（5）断喙失误。部分雏鸡喙留得过短，严重影响采食导致增重受阻，所以断喙最好由技术熟练的工人操作。

（6）饲料营养不良。饲料中某种营养素缺乏或某种成分过多，造成营养不平衡，由于鸡个体间的承受能力不同，增长速度会产生差别。即使是营养很全面的饲料，如果不能使鸡群中的每个鸡都同时采食，那么先采食的鸡抢食大粒的玉米、豆粕等，后采食的鸡只能吃剩下的粉面状饲料，由于粉状部分能量含量低、矿物质含量高，营养很不平衡，自然严重影响增重，使体重小的鸡越来越落后。

（7）未能及时分群。如能及时挑出体重小、体质弱的鸡，放在竞争较缓、更舒适的环境中培养，也能逐步赶上大群的体重。

五、雏鸡死淘率高的原因与对策

雏鸡死淘率高，关键是饲养管理存在疏漏。开始几周的死淘率特征可以清晰地反映出饲养管理的质量。前 3 天的死淘率与 1 日龄雏鸡的质量高度相关。3 天以后的死淘率就取决于饲养管理水平。小鸡的泄殖腔周围羽毛肮脏，说明曾经遭受应激。这个问题在本饲养周期无法补救。对这批鸡，应尽量减少应激造成的损失，并争取在下一批鸡的饲养过程中进行针对性的改进。

分析每日死淘率高，可提示以下管理不良信号：

1. 育雏设备简陋，温度掌握不好

“育雏如育婴”，保温是关键。鸡胚在孵化期间的环境温度高达38℃左右，刚出壳的雏鸡由于身体弱小，绒毛稀短，体温调节机能还不健全，如果环境温度骤然猛降，雏鸡就会因缺乏御寒能力而感冒、拉稀，甚至挤堆压死。

2. 饲料单一，营养不足

育雏时如果不使用全价饲料，营养不足，不能满足雏鸡生长发育需要，雏鸡生长缓慢，体质弱，易患营养缺乏症及白痢、气管炎、球虫等各种病而导致死淘率过高。

3. 不注重疾病防治

防疫不及时，漏免，防治工作做不好，容易造成雏鸡患病死亡。

4. 1日龄雏鸡质量太差

谈到质量必然涉及标准，据了解，目前我国尚未制定雏鸡的国家或行业标准，要控制和检验雏鸡质量，就必须有看得见摸得着的标准。可设立如下标准。

（1）体重。由于雏鸡品系的不同，雏鸡初生重（出雏器检出后2~3小时内称重）会有不同要求。

（2）均匀度85%以上。即随机抽取若干雏鸡（每批不少于100只），逐只称重，计算平均值，用体重在平均值 ±10% 范围内的总只数，除以总抽样数，乘以100%，得到均匀度。

（3）感官。雏鸡羽毛颜色、体型符合本品种特征，绒毛清洁、干燥，精神活泼、反应灵敏，肢体、器官无缺陷，无大肚、黑脐、糊肛。叫声清脆，握雏鸡有较强的挣脱力。

（4）微生物检查。同一种鸡来源的雏鸡，每周各取10只健雏、10只弱雏和10只死胚，无菌采取卵黄，分别接种在普通培养基和麦康凯培养基，在任意一个培养基中只要发现细菌，就说明这只鸡被感染。感染率标准为（感染只数 / 取样总只数）：健雏0，弱雏≤20%，死胚≤30%为合格。

（5）母源抗体。均匀并达到一定水平的母源抗体，每周对来源一个种鸡场的雏鸡检测一次。其母源抗体水平应达到要求。其中新城疫：8~10，禽流感 H9：8~9、禽流感 H5：7~8。

（6）鸡白痢。父母代种鸡场鸡白痢阳性率小于 0.2%。

（7）死亡率。雏鸡到达养殖户，排除运输原因和饲养管理不当、中毒、突发疫病、饲料等因素，1 周内死亡率控制在 1% 以下。

技能训练

一、蛋鸡品种的识别

【目的要求】了解蛋鸡品种类型的划分，能识别每个类型中有代表性的著名品种。

【训练条件】提供蛋鸡、标本、品种图片或幻灯片等材料。

【操作方法】展示活鸡或标本，放映蛋鸡品种图片或幻灯片，了解蛋鸡标准品种、地方品种和现代品种的类型划分，识别每个类型中的部分著名品种，并了解其产地、经济类型、外貌特征和生产性能。

【考核标准】

1. 根据以下活鸡或标本、品种图片或幻灯片，能正确辨认品种类型和识别品种。

京白 904、京白 823、京白 93、滨白 42、滨白 584、星杂 288、海赛克斯白、巴布可克 B−300、罗曼白、海兰 W−36、迪卡白、海兰褐、伊莎褐、罗曼褐、迪卡褐、黄金褐、罗斯褐、农大褐、星杂 566、B−6 鸡、星杂 444、农昌 2 号、B−4 鸡、京白 939、奥赛克、绿壳蛋鸡。

2. 能说出当地主要饲养的蛋鸡品种及其生产性能和主要的优缺点。

二、雏鸡断喙

【目的要求】学会正确的断喙方法，熟练掌握雏鸡断喙操作技术。

【训练条件】7~10 日龄雏鸡若干只，雏鸡笼，电热断喙器，剪刀或手术刀，电洛铁等。

【操作方法】

1. 断喙

接通电源，将断喙器加热到适宜温度，操作时左手抓住鸡的腿部，右手拿鸡，将右手拇指按在鸡头顶部，食指放在咽下，稍加用力，以使鸡伸舌。选择合适的断喙孔径（一般为 0.44 厘米），将鸡喙插入断喙孔中，借助于断喙器灼热的刀片，切除鸡上下喙的一部分，上喙断去喙尖至鼻孔前下缘的 1/2，下喙断去 1/3，即大约在离鼻孔 2 毫米处切断，并同时烧烙 2~3 秒，将喙切面四周在刀片上滚动，压平切面边缘，以起到止血和防止喙外缘重新生长的作用。

2. 注意事项

首先要调节好刀片的温度，掌握好烧灼的时间，防止烧灼不到位而引起流血；断喙后要仔细观察鸡群，发现出血应重新烧烙止血；为防止出血，在断喙前后几天内，可在饲料中加入维生素 K_3 2 毫克 / 千克和维生素 C 200 毫克 / 千克，以利止血和缓解应激；断喙后饲槽内应多加一些料，以便于雏鸡采食，防止鸡喙啄到饲槽底部有痛感而影响吃料；断喙后不能缺水；断喙应与接种疫苗、转群等工作错开进行，以免加大应激反应，在炎热季节应选择凉爽时间进行断喙，在抓鸡、运鸡及操作时动作要轻，不能粗暴，避免多重应激；断喙器应保持清洁，定期消毒，以免断喙时交叉感染；种用小公鸡可以不断喙或轻微的断去喙尖部分，以免影响将来的配种能力。

【考核标准】

1. 能明确雏鸡断喙的目的及意义。
2. 断喙器的检查及调温正确。
3. 握鸡手法正确。
4. 断喙部位准确，不出血。
5. 操作方法正确、熟练。

思考与练习

1. 雏鸡有哪些生理特点？
2. 育雏的方式有哪些？简述其主要特点。
3. 怎样进行 1 日龄雏鸡的挑选？
4. 育雏对环境有哪些要求？
5. 育雏前需要进行哪些准备工作？
6. 雏鸡的饲养管理应重点把握好哪些关键点？

第二章　育成蛋鸡的饲养管理

知识目标

1. 了解育成蛋鸡的生理特点。
2. 掌握育成蛋鸡培育的标准要求。
3. 了解育成蛋鸡营养需要特点。
4. 掌握育成蛋鸡饲养管理技术操作规程。

技能要求

1. 会对育成蛋鸡进行限制饲养。
2. 会进行光照控制，能正确管理育成蛋鸡。
3. 会对鸡群进行称重，计算平均体重和均匀度，能根据体重变化及时调整鸡群，提出改进措施。

育成鸡是指 7~20 周龄的大、中雏鸡。育成鸡是为产蛋鸡打基础的阶段，这个阶段管理的好与坏，极大地决定了鸡性成熟后的体质和产蛋性能。育成期饲养管理的主要任务是：培育出体质健康、体重达标、群体整齐、开产一致、符合正常生长曲线的后备母鸡，从而最大发挥产蛋期的生产潜力。

第一节　育成蛋鸡的生理特点与管理的一般要求

一、蛋鸡育成期的生理特点与管理要求

（1）具有健全的体温调节能力和较强的生活能力，对外界环境适应能力和疾病抵抗能力明显增强。

要做好季节变化和转群两个关键时期的鸡群管理，防止鸡群发生呼吸道病、大肠杆菌病等环境条件性疾病。

（2）消化能力强，生长迅速，是肌肉和骨骼发育的重要阶段。

整个育成期体重增幅最大，但增重速度不如雏鸡快。

（3）育成后期鸡的生殖系统发育成熟。

在光照管理和营养供应上要注意这一特点，顺利完成由育成期到产蛋期的过渡。

二、优质育成母鸡的质量标准要求

优质母鸡的育成期，要求未发生或蔓延烈性传染病，体质健壮，体型紧凑似“V”字形，精神活泼，食欲正常，体重和骨骼发育符合品种要求且均匀一致，胸骨平直而坚实，脂肪沉积少而肌肉发达，适时达到性成熟，初产蛋重较大，能迅速达到产蛋高峰且持久性好。20周龄时，高产鸡群的育成率应能达到96%以上。

（一）体质要求

体质健壮结实，食欲旺盛，羽毛紧凑，采食力强，活泼好动。

（二）育成率要求

第一周死亡率不超过0.5%，前8周不超过2%，育成期满20周龄时成活率应达到96%~97%。

（三）体重要求

体重是充分发挥鸡的遗传潜力、提高生产性能的先决条件。育成期的体重和体况与产蛋阶段的生产性能具有较大的相关性。育成期体重可直接影响开产日龄、产蛋量、蛋重、蛋料比及产蛋高峰持续期。

据有关资料报道：当鸡群体重较标准体重低 110 克时，开产日龄较正常鸡群推迟 5 天，较标准体重鸡群 22 周龄平均蛋重低 3.35%，72 周平均存活率比标准体重鸡群低 8.59%，产蛋高峰期持续时间少 77 天，72 周入舍鸡产蛋量低 1.24 千克 / 只鸡，蛋料比高 0.24。鸡的体重超过标准体重时，鸡群开产过早，影响鸡的身体发育，全期产蛋量降低。因此，在育成鸡培育过程中，必须重视鸡的体重和体况。育成鸡体重标准见表 2-1。

表 2-1 育成鸡体重标准

周龄	白壳蛋鸡体重（克）	褐壳蛋鸡体重（克）
7	570	600
8	670	690
9	730	770
10	780	870
11	870	970
12	960	1040
13	1050	1120
14	1140	1200
15	1230	1260
16	1320	1320
17	1360	1410
18	1410	1490
19	1450	1570
20	1490	1640
21	1530	1710

（四）体型要求

体型是指骨骼系统的发育，骨骼宽大，意味着母鸡中后期产蛋的潜力大。在育雏、育成前期小母鸡体型发育与骨骼发育是一致的，胫长的增长与全身骨骼发育基本同步。 控制后备母鸡的体型在经济上是有利的，因为体形大小对蛋的大小有着极大的影响。为此，这一阶段以测量胫长为主，结合称体重，可以准确地判断鸡群的生长发育情况。若饲养管理不好，胫短而体重大者，表示鸡肥胖，胫长而体重相对小者，表示鸡过瘦。防止在标准体重内养小个子的胖鸡和大个子的瘦鸡，这两种鸡对产蛋表现都不理想。过肥的鸡死亡率较高，而体架过大且体重较轻的鸡易脱肛，大多数育成鸡的骨骼系统在 13 周或 14 周龄发育结束，重要的是育成期 12 周龄内胫骨的生长是否与体重增长同步。如果到 12 周龄胫长与体重是同步的，说明此阶段鸡群培育工作相当成功，预示着此鸡群其后的产蛋潜力是高的。

（五）整齐度（均匀度）要求

整齐度又称均匀度，是指鸡群发育的整齐程度，它是品种、生产性能和饲养管理技术的综合指标，包括体重整齐度、胫长整齐度以及开产整齐度等，生产中常用体重整齐度来表示。

体重整齐度是指在平均体重 ±10% 范围内的鸡只数所占抽测鸡只数的百分比。整齐度代表的是整个鸡群的生长发育情况，整齐度高则说明鸡群生长发育一致，鸡群开产整齐，产蛋高峰高，且产蛋高峰维持时间长，所以，提高鸡群的整齐度有很重要的意义。在育成期应定期称测体重，并与标准体重相对照，鸡群平均体重要符合标准体重的要求，体重整齐度要求达到 80% 以上。

（六）开产时间要求

体重达标后，鸡群适时开产，开产整齐一致，产蛋高峰高，且产蛋高峰维持的时间长。现代白壳蛋鸡在 21~22 周龄产蛋率达到 50%，褐壳蛋鸡在 22~23 周龄产蛋率达到 50%，即表明开产适宜。

三、做好向育成期的过渡

由育雏到育成阶段，饲养管理上有一系列变化，这些变化要逐步进行，避免突然改变。

（一）脱温

3 周龄的雏鸡体温调节机能已相当发达，气候暖和的季节，育雏室可由取暖过渡到不取暖叫脱温。急剧的温度变化对雏鸡是一种打击，要求降温缓慢，故需 4~6 天过程。脱温要求稳妥，使雏鸡慢慢习惯于室温后才能完全脱温。最初，暖和的中午停止给温，而夜间仍给温，以后逐渐改变为夜间也停止给温。脱温还应考虑季节性，早春育雏，往往已到脱温周龄，但室外气温还比较低，而且昼夜温差也较大，就应延长给温时间，一般情况下，昼夜温度如果达到 18℃以上，就可脱温。脱温后遇到降温天气，仍应给温，待天气转好后，再次脱温，并要观察夜间鸡群状态，减少意外事故的发生。

（二）换料

各阶段鸡对饲料中营养物质的需要不同，以及各地养鸡受饲料条件的限制，为了节省饲料和促进生长，需要多次换料。换料越及时，经济效益越高。但更换饲料对雏鸡来说是环境的变化，易造成生长紊乱，轻者食欲降低，严重者引起雏鸡发育受阻，因此，换料要有一个逐步过渡阶段，不可突然全换，使雏鸡对新的刺激有一个适应过程。一般可采用 5 天换料法。

不管采取哪种换料方法，均应本着逐渐更换的原则，另外，两种饲料要拌均匀，使雏鸡感受不到饲料的改变。

（三）转群

有条件的鸡场，可转入专门的育成鸡舍，也可在育雏舍内分散密度，改变环境，渡过育成期。一些小型鸡场，将雏鸡由网上笼养改为育成阶段的地面散养，为的是加强育成鸡的运动，这就有一个下笼过程，开始接触地面，雏鸡不太习惯，有害怕表现，容易引起密集拥挤，应防止扎堆压死，并应供应采食和饮水的良好条件，下笼后，应仔细观察鸡群，同时在饲料中加入抗球虫药，严防球虫病的发生。

改为地面散养后，鸡舍内应设栖架，栖架可用木棍或竹竿制作。从育成阶段就应训练雏鸡夜间上架休息，以减轻地面潮湿对鸡的不良影响，有利于骨骼的发育，避免龙骨弯曲。

大中型鸡场，转群是一项很大的工作，搞不好影响鸡的生长发育。可改在夜间进行，因黑暗条件下，鸡较安静，不致引起惊群，抓鸡省时省力。

（四）准备产蛋箱

采用平养方式时，应在鸡群开产前 2 周左右安置好产蛋箱。产蛋箱应安放在产蛋鸡舍墙角或光线较暗、通风良好的地方，避免阳光直射进产蛋箱内，每 4~5 只母鸡共用一个产蛋窝（产蛋间隔），产蛋箱底层距地面 40~50 厘米高，产蛋窝内铺有垫草，夜间关闭箱门，以防母鸡在箱内排粪，第二天早上尽早打开箱门。

母鸡进入产蛋箱内下蛋，一旦养成习惯，容易形成固定产蛋窝产蛋的习性。如果产蛋箱安放时间过晚，有些鸡就不会到产蛋箱内下蛋，如果产蛋窝的数量不足，容易造成窝外蛋增加。鸡在产蛋窝外产蛋，阴道口翻到外边，被别的鸡看到就很容易引起啄肛和啄蛋癖。

四、育成鸡舍与环境控制

（一）育成鸡舍与设备

育成鸡舍为饲养7~20周龄的育成鸡用。现代鸡种以体重划分育雏期和育成期，一般要在6~8周龄体重达到标准要求后才转入育成鸡舍。为了减少转群使鸡产生应激和充分利用房舍，很多鸡场都采用育雏、育成在同一鸡舍进行。

育成鸡舍要求条件比育雏鸡舍低，不需要供温设备，但舍内仍要布置照明电路。房屋高度3米左右，跨度7~10米，长度50~100米。育成鸡舍也可作蛋鸡舍或种鸡舍用。若平面饲养可隔成小间，地面铺上垫料即可养鸡。笼养可不隔成小间。

育成设备可根据饲养方式而定。

1. 平养

地面铺上清洁干燥的垫料。料槽或料桶、饮水器均匀分布在舍内。鸡吃料和饮水的距离以不超过3米为宜。平养密度：垫料平养10~14只/米^2，网上平养18~20只/米^2。平均所需饲槽长度为5~7厘米/只。

2. 笼养

育雏育成笼是指雏鸡从初生室育成结束使用同一种鸡笼，但是随鸡龄增大调整鸡群密度和随时调高饲槽、水槽位置，保证鸡群能吃到料和饮到水。笼养育雏期饲养密度为20~30只/米^2，饲槽位置5~10厘米/只，水槽长度2.5~5厘米/只。

育成笼也有采用定型三层笼的。育成笼与蛋鸡笼相似，只是笼底是平的，底网为2厘米条栅间隙。每笼饲养育成鸡3~4只，每组笼饲养育成鸡90~120只，采用饲槽喂料和长流水或乳头饮水。

育成舍内育成笼的安排可按三排鸡笼四个走道或两排鸡笼三个走道布局，每排鸡笼宽2米，走道宽0.7米。

育成舍要求通风良好，地面干燥，可以多开窗户。为减少转群引起的应激，一般中雏和大雏鸡均在同一鸡舍，中雏鸡每笼4只，大雏鸡（12周龄以内的鸡）每笼减少为3只，养至转群到产蛋鸡舍。

（二）育成鸡的环境控制

育成鸡的健康成长与生长发育以及性成熟等无不受外界环境条件的影响，特别是现代养禽生产，在全舍饲、高密度条件下，环境问题变得更为突出。

1. 密度

为使育成鸡发育良好，整齐一致，须保持适中的饲养密度，密度大小除与周龄和饲养方式有关外，还应随品种、季节、通风条件等而调整。饲养密度见表 2–2。

表 2–2　育成鸡的饲养密度

日龄	地面平养（只/米^2）	网上平养（只/米^2）	半网栅平养（只/米^2）	立体笼养（只/米^2）
6~18	15	20	18	26
9~15	10	14	12	18
16~20	7	12	9	14

注：笼养所涉及的面积是指笼底面积

2. 光照

在饲料营养平衡的条件下，光照对育成鸡的性成熟起着重要作用，必须掌握好，特别是 10 周龄以后，要求光照时间应短于光照阈 12 小时，并且时间只能缩短而不能增加，强度也不可增强，具体的控制办法见雏鸡的管理部分。

3. 通风

鸡舍空气应保持新鲜，使有害气体减至最低量，以保证鸡群的健康。随着季节的变换与育成鸡的生长，通风量也要随之改变（表 2–3）。此外，要保持鸡舍清洁与安静，坚持适时带鸡消毒。

表 2–3　育成鸡的通风量（1 000 只鸡）

周龄	平均体重（克）	最大换气量（米^3/分钟）	最小换气量（米^3/分钟）
8	610	79	18
10	725	94	23

（续表）

周龄	平均体重（克）	最大换气量（米^3/分钟）	最小换气量（米^3/分钟）
12	855	111	26
14	975	127	29
16	1100	143	33
18	1230	156	36
20	1340	174	40

第二节　育成蛋鸡的营养需要与限制饲喂

针对育成鸡的生理特点，饲养管理的关键是促进育成鸡体成熟的进程，保障育成鸡健壮的体质；控制性成熟的速度，避免性早熟；合理饲喂，防止脂肪过早沉积而导致鸡只过肥。

一、育成鸡的饲养方式

育成鸡的饲养方式有平养、板条（金属网）和平养结合、全板条（金属网地面）及笼养。

二、育成鸡的营养需要与日粮配制

育成鸡 7~14 周龄阶段需要较高的能量、蛋白质和维生素；15~20 周龄阶段饲料养分浓度可适当降低，即饲料可以“粗”一些，育成鸡日粮适当减少蛋白含量，增加粗纤维的含量。

1. 育成期饲料粗蛋白质含量应逐渐减少

即 6 周龄前占 19%，7~14 周龄占 16%~16.5%，15~20 周龄占 14%~15%。通过低水平营养控制鸡的早熟、早产和体重过大，这对提高产蛋阶段的产蛋量和维持产蛋持久性有好处。

2. 育成期饲料中矿物质含量要充足

钙磷比例应保持在（1.2~1.5）∶1，同时饲料中各种维生素及微量元素比例要适当。地面平养 100 只鸡每周为砂砾 0.2~0.3 千克，笼养可按饲料的 0.5% 添加。育成期食槽必须充足。

育成鸡的营养需要见表 2–4。

表 2–4　育成鸡的营养需要

7~14 周龄阶段育成鸡营养需要		15~20 周龄阶段育成鸡营养需要	
代谢能	11.72 兆焦 / 千克	代谢能	11.08~11.29 兆焦 / 千克
粗蛋白质	16%~16.5%	粗蛋白质	14%~15%
粗纤维	小于 5%	粗纤维	7%~8%

3. 常规饲料原料配制 7~18 周龄育成蛋鸡配方（表 2–5）

表 2–5　常规饲料原料配制 7~18 周龄育成蛋鸡配方

原料（%）	1	2	3	4	5
玉米	68.21	69.01	69.22	67.21	70.60
小麦麸	7.27	7.60	7.53	7.69	8.00
米糠饼	3.00	—	—	—	—
苜蓿草粉	—	1.00	—	—	—
花生仁饼	—	1.00	—	2.00	—
芝麻饼	—	—	—	2.00	—
棉籽蛋白	—	—	2.00	—	—
大豆粕	9.00	12.00	—	—	—
大豆饼	—	—	14.00	14.00	10.00
菜籽粕	3.00	—	—	—	—
向日葵仁粕	4.00	5.00	—	—	—
麦芽根	—	—	—	—	2.00
玉米蛋白粉	—	—	—	—	2.00
玉米胚芽饼	—	—	2.00	—	—
玉米 DGGS	—	—	—	2.00	—
蚕豆粉浆蛋白粉	0.38	0.09	—	—	2.00
鱼粉	2.00	1.00	2.00	2.00	2.00
氢钙	0.69	0.82	0.78	0.84	1.00
石粉	1.19	1.19	1.16	1.00	1.00

（续表）

原料（%）	1	2	3	4	5
食盐	0.24	0.26	0.27	0.22	0.27
蛋氨酸	—	0.01	0.04	—	0.03
赖氨酸	0.02	0.02	—	0.04	0.10
预混料	1.00	1.00	1.00	1.00	1.00
总计	100.00	100.00	100.00	100.00	100.00
代谢能（兆焦/千克）	11.72	11.72	11.70	11.72	11.83
粗蛋白质	15.50	15.56	15.55	15.50	15.50
钙	0.80	0.80	0.80	0.80	0.80
非植酸磷	0.35	0.35	0.37	0.39	0.41
钠	0.15	0.15	0.15	0.15	0.15
氯	0.20	0.21	0.21	0.19	0.22
赖氨酸	0.68	0.68	0.70	0.70	0.76
蛋氨酸	0.27	0.27	0.31	0.28	0.30
含硫氨基酸	0.56	0.55	0.55	0.55	0.56

三、限制饲喂

限制饲喂就是有意识控制饲料供给，并限制饲料的能量和蛋白质水平，以防止育成阶段体重过大，成熟过早，成年后产蛋量减少的一种饲喂方法。

（一）限制饲喂的意义

限饲目的是控制生长发育速度，保持鸡群体重的正常增长；延迟性成熟，提高进入产蛋期后的生产性能；节省饲料，降低饲养成本；降低产蛋期间的死亡率。

（二）限制饲养的方法

分为限量饲喂、限时饲喂和限质饲喂。

1. 限量饲喂

限制饲喂量为正常采食量的 80%~90%。

2. 限时饲喂

分隔日限制饲喂和每周限饲两种。

（1）隔日限制饲喂。就是把两天的饲喂量集中在一天喂完。

（2）每周限制饲喂。即每周停喂 1 天或 2 天。

3. 限质饲喂

如低能量、低蛋白和低赖氨酸日粮都会延迟性成熟。

限饲对象、时间等见表 2-6，常用的限制饲养方法见表 2-7。

表 2-6　育成鸡的限制饲喂

项目	方法与要求
限饲对象	体重高于标准体重的育成鸡、分群后体重超过标准体重的大鸡及体重偏重的中型品种鸡，在育成阶段采取限制饲养。
限饲时间	一般从 8~10 周龄开始，直到 17~18 周龄结束。
限饲方法	蛋鸡常用的是限量法和限质法，具体方法见表 2-7。

表 2-7　蛋鸡常用限制饲养方法

名称	具体方法	备　注
限量法	日喂料量按自由采食的 90% 喂给	日喂料量减少 10% 左右，但必须保证每周增重不低于标准体重。若达不到标准体重，易导致产蛋期产蛋量减少，死亡率增加。
限质法	日粮能量水平降低至 9.2 兆焦 / 千克，粗蛋白降至 10%~11%，同时提高日粮中粗纤维的含量，使之达到 7%~8%	配制日粮时，适当限制某种营养成分的添加量，造成日粮营养成分的不足。例如，低能量日粮、低蛋白质日粮或低赖氨酸日粮等，减少鸡只脂肪沉积。该方法管理容易，无须断喙和称重，但鸡的体重难以控制。

（三）限制饲喂的注意事项

限饲方式可根据季节和品种进行调整，如炎热季节由于能量消耗较少，可采用每天限饲法，矮小型蛋鸡的限饲时间一般不超过 4 周。

限饲前，必须对鸡群进行选择分群，将病鸡和弱鸡挑选出来；限饲期间，必须有充足的料槽、水槽。若有预防接种、疾病等应激发生，则停止限饲。若应激为某些管理操作所引起，则应在进行该操作前后各 2~3 天给予鸡只自由采食。采用限量法限饲时，要保证鸡只饲喂营养平衡的全价日粮。定期抽测称重，一般每隔 1~2 周随机抽取鸡群的 1%~5% 进行空腹称重，通过抽样称重检测限饲效果。若超过标准体重的 1%，下周则减料 1%；反之，则增料 1%。

第三节　蛋鸡育成期管理的重点

一、体重和均匀度管理

体重是鸡群发挥良好生产性能的基础，能够客观反映鸡群发育水平；均匀度是建立在体重发育基础上的又一指标，反映了鸡群的整体质量。如果鸡群性成熟时体重达标整齐、骨骼发育良好，则鸡群开产整齐，产蛋高峰高，产蛋高峰期维持时间长。

（一）体重管理

体重周周达标，为产蛋储备体能。

1. 育成期不同阶段体重管理重点

7~8 周龄称为过渡期。重点是通过转群或分群，使鸡只占笼面积由 30 只 / 米 ^{2} 减少到 20 只 / 米 ^{2}，在转群或分群过程中，注意保持舍内环境的稳定。转群前建议投饮多维，减小对鸡群的应激。

9~12 周龄为快速生长期。该阶段鸡只周增重在 100~130 克，重点是确保鸡群健康和体重快速增长；周体增重最好超过标准，如果不达标，后期体重将很难弥补。

13~18 周龄为育成后期。体重增长速度随着日龄增加而逐渐减慢。鸡群体型逐渐增大，笼内开始变得拥挤；并且该时期免疫较多，对鸡群应激大，所以该时期要密切关注体重和均匀度变化趋势。

2. 确保体重达标的管理措施

（1）确保环境稳定、适宜，特别在转群前后和季节转换时期要密切关注。

（2）及时分群，确保饲养密度适宜，不拥挤。

（3）控制饲料质量，确保营养全价、均衡。

（4）由雏鸡舍转育成鸡舍后，如果鸡只体重不达标，可增加饲喂量和匀料次数；仍然不达标时，可推迟更换育成期料，但最晚不超过

9周龄。

（二）均匀度管理

每周均匀度达到85%以上。

提高鸡群均匀度的管理措施：

（1）做好免疫与鸡群饲养管理，确保鸡群健康，保持鸡只的正常生长发育。

（2）喂料均匀，保证每只鸡获得均衡、一致的营养。

（3）采取分群管理。6周龄末根据体重大小将鸡群分为三组：超重组（超过标准体重10%）、标准组、低标组（低于标准体重10%），对低标组的鸡群在饲料中可增加多维或添加0.5%的植物油脂，对超标组的鸡群限制饲喂。

二、换料管理

1. 换料种类及时间

7~8周龄将雏鸡料换成育成鸡料，16~17周龄将育成鸡料换成产蛋前期饲料。

2. 换料注意事项

换料时间以体重为参考标准。在6周龄、16周龄末称量鸡只体重，达标后更换饲料，如果体重不达标，可推迟换料时间，但不应晚于9周龄末和17周龄末。

注意过渡换料，换料至少有一周的过渡时间。参照以下程序执行：第1~2天，2/3的本阶段饲料+1/3待更换饲料；第3~4天，1/2本阶段饲料+1/2待更换饲料；第5~7天，1/3本阶段饲料+2/3待更换饲料。

三、光照管理

1. 光照对性成熟的影响

光照是控制蛋鸡性成熟的主要方式，前8周龄光照时间和强度对鸡只的性成熟影响较小，8周龄以后影响较大，尤其是13~18周龄的育成后期，鸡体的生殖系统包括输卵管、卵巢等进入快速发育期，会因光照的渐增或渐减而影响性成熟的提早或延迟，因此好的饲养管理，配合正确的光照程序，才能得到最佳的产蛋性能。

2. 育成期光照管理基本原则

（1）育成期光照时间不能延长，建议实施 8~10 小时的恒定光照程序。

（2）进入产蛋前期（一般 17 周龄）增加光照后，光照时间不能缩短。

3. 光照程序

（1）能利用自然光照的开放鸡舍。对于从 4 月至 8 月间引进的雏鸡，由于育成后期的日照时间是逐渐缩短的，可以直接利用自然光照，育成期不必再加人工光照。

对于 9 月中旬至来年 3 月引进的雏鸡，由于育成后期光照时间逐渐延长，需要利用自然光照加人工光照的方法来防止其过早开产。具体方法有两种。

一是光照时数保持稳定法：即查出该鸡群在 20 周龄时的自然日照时数，如是 14 小时，则从育雏开始就采用自然光照加人工补充光照的方法，一直保持每日光照 14 小时至 20 周龄，再按产蛋期的要求，逐渐延长光照时间。

二是光照时间逐渐缩短法：先查出鸡群 20 周龄时的日照时数，将此数再加上 4 小时，作为育雏开始时的光照时间。如 20 周龄时日照时数为 13.5 小时，则加上 4 小时后为 17.5 小时，在 4 周龄内保持这个光照时间不变，从 4 周龄开始每周减少 15 分钟的光照时间，到 20 周龄时的光照时间正好是日照时间，20 周龄后再按产蛋期的要求，逐渐增加光照时间。

（2）密闭式鸡舍。密闭鸡舍不透光，完全是利用人工光照来控制照明时间，光照的程序就比较简单。一般 1 周龄为 22~23 小时的光照，之后逐渐减少，至 6~8 周龄时降低到每天 10 小时左右，从 18 周龄开始再按产蛋期的要求增加光照时间。

对育成末期的光照原则：鸡群达到开产体重时，方可增加光照时间，不能过早加光；过早则极易导致产蛋率低、高峰维持时间短、蛋重小；如褐壳罗曼蛋鸡只有体重达到 1 400 克时，方可增加光照而刺激鸡群开产。如果达到开产日龄而体重却不达标，也不能加光，而要等到体重到时方可加光。

四、温度管理

（1）育成期将温度控制在18~22℃，每天温差不超过2℃。

（2）夏季高温季节，提高鸡舍内风速，通过风冷效应降低鸡群体感温度；推荐安装水帘降温系统，将温度控制在30℃以内，防止高温影响鸡群生长，尤其是在密度逐渐增大的育成后期。

（3）冬季为了保证鸡只的正常生长和舍内良好的通风换气，舍内温度要控制在13~18℃，最低不低于13℃；如果有条件可以安装供暖装置，将舍温控制在18℃左右，确保温度适宜和良好换气。

（4）在春、秋季节转换时期，要防止季节变化导致的鸡舍温差剧烈变化或风速过大引起的冷应激。春季要预防刮大风和倒春寒天气；秋季要提前做好舍内降温工作，以利于鸡只适应外界气温的变化。

五、疫病控制

1. 免疫管理

蛋鸡育成期的免疫接种较多，要根据当地的流行病制定免疫程序，选择质量过关的疫苗和适宜的接种方法。免疫时要减少鸡群的应激，免疫后注意观察鸡群情况并在免疫后7~14天检测抗体滴度，确保保护率达标，一般新城疫抗体血凝平板凝集试验不低于7，禽流感H5株、H4株不低于6，H9株不低于7，各种抗体的离散度均在4以内。

2. 消毒

消毒时要内外环境兼顾，舍内消毒每天一次，舍外消毒每天两次，消毒前注意环境的清扫以保证消毒效果。消毒药严格按照配比浓度配置并定期更换消毒药。

3. 鸡群巡视及治疗

每天要认真观察鸡群，发现病弱鸡及时隔离，并尽快查找原因，决定是否进行全群治疗，避免疾病在鸡群中蔓延。选药时，要用敏感性强、高效、低毒、经济的药物。

六、防止开产推迟

实际生产中，5—7 月培育的雏鸡容易出现开产推迟的现象，主要原因是雏鸡在夏季期间采食量不足，体重落后标准，在培育过程可采取以下措施：

（1）育雏期间夜间适当开灯补饲，使鸡的体重接近于标准。

（2）在体重没有达到标准之前持续用营养水平较高的育雏料。

（3）适当地提高育成后期饲料的营养水平，使育成鸡 16 周后的体重略高于标准。

（4）在 18 周龄之前开始增加光照时间。

七、日常管理

（1）鸡群的日常观察。发现鸡群在精神、采食、饮水、粪便等有异常时，要及时处理。

（2）经常淘汰残次鸡、病鸡。

（3）经常检查设备运行情况，保持照明设备清洁。

（4）每周或隔周抽样称量鸡只体重，由此分析饲养管理是否得当，并及时改进。

（5）制订合理的免疫计划和程序，进行防疫、消毒、投药工作，培育前期尤其要重视法氏囊病的预防。法氏囊病的发生不仅影响鸡的生长发育，而且会造成鸡的免疫力降低，对其他疫苗的免疫应答能力下降，如新城疫、马立克氏病等。切实做好鸡白痢、球虫病、呼吸道病等疾病的预防以减少由于疾病造成的体重不达标和大小不匀。

（6）补喂砂砾。为了提高育成鸡只的消化机能及饲料利用率，有必要给育成鸡添喂砂砾，砂砾可以拌料饲喂，也可以单独放入砂砾槽饲喂。砂砾的喂量和规格可以参考表 2-8。

表 2-8　砂砾喂量及规格

周龄	砂砾数量［千克（千只·周）］	砂砾规格（毫米）
4~8	4	3
8~12	8	4~5
12~20	11	6~7

育成鸡的饲养管理可简单总结为表 2-9。

表 2-9　育成鸡饲养管理简表

周龄	日龄（天）	饲养密度（只/米^2）	平均每只每天耗料量（克）		平均每只周末体重（克）		管理要点	防疫措施
	（天）		轻型母雏	中型母雏	轻型母雏	中型母雏		
7	43~49	14	39.0	45.4	490	670	做好饲料更换工作，淘汰病、弱、小、残母雏	鸡疫苗免疫接种
8	50~56	14	40.8	47.6	580	790		
9	57~63	8	40.8	49.9	660	870	开始控制体重，减小饲养密度	地面平养鸡要驱蛔虫，每千克体重 0.25 克驱蛔灵，拌入饲料中服用
10	64~69	8	45.4	52.2	740	970	如果 6~10 日龄未断喙可在 10~12 周龄进行	2 月龄后可用新城疫 I 系苗注射免疫
11	70~77	8	49.9	54.4	810	1050	强化饲养管理工作，观察鸡群、粪便的变化情况，预防球虫病的发生	养鸡数量多者可用Ⅵ系苗饮水或气雾免疫
12	78~84	8	49.9	56.7	880	1130		
13	85~91	8	54.4	59.0	950	1210	可以适当降低饲料营养成分	
14	92~98	8	54.4	61.2	1020	1280		
15	99~105	8	59.0	63.5	1080	1360	如果蛋鸡笼养，可在 17~20 周龄期间转群、上笼，一般夜间进行为好	4 月龄后鸡只上笼时，可再用新城疫 I 系苗免疫
16	106~112	8	59.0	65.8	1130	1430		
17	113~119	8	63.5	68.0	1180	1500		

（续表）

周龄	日龄（天）（天）	饲养密度（只/米²）	平均每只每天耗料量（克）		平均每只周末体重（克）		管理要点	防疫措施
			轻型母雏	中型母雏	轻型母雏	中型母雏		
18	120~126	8	63.5	70.3	1220	1560	在18~19周可根据光照情况每月增加1小时。转群前对断喙不合格者再行断喙；转群时称重，测定鸡群均匀度；淘汰病、弱、小、残母雏	做好转群的预防应激工作，饲料中可添加土霉素和多种维生素。鸡群数量大时，可用新城疫Ⅱ系苗饮水或气雾免疫，以后每隔三个月免疫一次
19	127~133	6	68.0	72.6	1260	1620		
20	134~140	6	68.0	74.8	1290	1680		

技能训练

鸡群称重及平均体重、均匀度计算

【目的要求】明确在育成鸡培育过程中定期称重的意义，学会对鸡群称重的方法及平均体重和均匀度的计算，能根据计算结果提出改进饲养管理的措施。

【训练条件】7~20周龄的育成鸡群（500~1 000只），该品种的标准体重表，称重记录表，天平、杆秤或台秤等。

【操作方法】

1. 确定称重时间

对鸡群的称重时间应固定，最好固定在每周（或隔一周）的同一天同一时间进行空腹称重。

2. 正确抽样

首先根据鸡群大小确定抽样比例，一般按鸡只数的5%~10%抽样，但不能少于50只。抽测方法必须做到随机抽样，为了使抽出的鸡只具有代表性，平养鸡抽样时一般把舍内鸡只徐徐驱赶，使舍内各区域鸡只均匀分布，然后在鸡舍任一地方随机用铁丝网围出大约需要抽测的鸡只数，逐只称重，做好记录。笼养鸡抽样时，应从不同层次的鸡笼随机抽测，每层笼取样数应该相同。

3. 计算平均体重和均匀度

首先根据每只抽测鸡的实测体重计算出它们的平均体重，然后计算出在平均体重 ±10% 范围内的鸡只数所占抽测鸡只数的百分比，即为该鸡群的体重均匀度。例如，该鸡群在 14 周龄时的平均体重为 1 200 克，则超过或低于平均体重 10% 的体重范围是 1 080~1 320 克。在 800 只鸡中按 10% 的比例抽样，应抽测 80 只鸡，假若其中有 64 只鸡的体重在 1 080~1 320 克范围内，则该鸡群的体重均匀度=64 ÷ 80 × 100%=80%。

4. 与标准比较，提出改进措施

鸡群平均体重应符合该品种的标准体重要求，体重均匀度要达到 80% 以上。如果鸡群的体重均匀度太差，应将鸡群按体重大小分群分档，对于体重超过标准的鸡群，下一周的料量不要增加，一直到其体重接近标准体重后再适当增料；对于体重低于标准的鸡群可适当增料，体重比标准每低 1%，则下一周的喂料量相应增加 1%，但不要过量增加。

【考核标准】

1. 称重时间准确。
2. 抽样比例和称重方法正确。
3. 称重记录完整。
4. 平均体重和体重均匀度计算结果正确。
5. 如鸡群均匀度不理想，能根据具体情况提出改进饲养管理的措施。

思考与练习

1. 育成蛋鸡有哪些生理特点？
2. 简述优质育成母鸡的质量标准要求。
3. 如何对育成蛋鸡进行限制饲喂？
4. 叙述蛋鸡育成期管理的重点。

第三章 产蛋鸡的饲养管理

知识目标

1. 了解产蛋鸡的生理特点。

2. 掌握鸡群产蛋规律。

3. 了解产蛋鸡营养需要特点。

4. 掌握产蛋鸡饲养管理技术操作规程。

技能要求

1. 会对产蛋鸡进行阶段饲养、调整饲养和限制饲养。

2. 会进行鸡舍环境调控，能正确管理产蛋鸡。

3. 能进行产蛋曲线的绘制与分析。

4. 会拟订蛋鸡光照计划。

5. 能正确区分高产鸡、低产鸡和停产鸡，会进行高产蛋鸡表型选择。

第一节　蛋鸡产蛋期营养需求的特点

一、蛋鸡的生理特点

（一）开产前生殖器官快速发育，开产后身体仍在发育

蛋鸡进入 14 周龄后卵巢和输卵管的体积、重量开始出现较快的增加，17 周龄后其增长速度更快，19 周龄时大部分鸡的生殖系统发育接近成熟。发育正常的母鸡 14 周龄时的卵巢重量约 4 克，18 周龄时达到 25 克以上，22 周龄能够达到 50 克以上。刚开产的母鸡虽然性已成熟，开始产蛋，但机体尚未发育完全，18 周龄体重仍在继续增长。

（二）体重快速增加

在 18~22 周龄，平均每只鸡体重增加 350 克左右，这一时期体重的增加对以后产蛋高峰持续期的维持是十分关键的。体重增加少会表现为高峰持续期短，高峰后死淘率上升。

（三）不同时期对营养物质的利用率不同

刚到性成熟时期，母鸡身体贮存钙的能力明显增强。在 18~20 周龄，骨的重量增加 15~20 克，其中有 4~5 克为髓质钙。髓质钙是接近性成熟的雌性家禽所特有的，存在于长骨的骨腔内，在蛋壳形成的过程中，可将分解的钙离子释放到血液中用于形成蛋壳，白天在非蛋壳形成期采食饲料后又可以合成。髓质钙沉积不足，则在产蛋高峰期常诱发笼养蛋鸡疲劳综合征等问题。

随着开产到产蛋高峰，鸡对营养物质的消化吸收能力增强，采食量持续增加。而到产蛋后期，其消化吸收能力减弱而脂肪沉积能力增强。

开产初期产蛋率上升快，蛋重逐渐增加，这时如果采食量跟不上产蛋的营养需要，那么被迫动用育成期末体内贮备的营养物质，结果体重增加缓慢，以致抵抗力降低，产蛋不稳定。

（四）产蛋鸡富有神经质，对于环境变化非常敏感

鸡产蛋期间，饲料配方的变化，饲喂设备的改换，环境温度、湿度、通风、光照、密度的改变，饲养人员和日常管理程序等的变换，

鸡群发病、接种疫苗等应激因素等，都会对产蛋产生不利影响。

在寒冷季节遇到寒流侵袭时，鸡舍保温条件又不好，往往随寒流的过去，出现产蛋率下降的现象，因此会影响后期的产蛋成绩。

（五）产蛋规律

产蛋母鸡在第一个产蛋周期体重、蛋重和产蛋量均有一定规律性的变化，依据这些变化特点，可分为3个时期：产蛋前期、产蛋高峰期、产蛋后期。

二、蛋鸡产蛋期营养需求的特点

（一）蛋鸡产蛋期营养需求的特点

1. 产蛋期蛋鸡的日粮能量水平取决于母鸡体重、产蛋变化、环境温度等因素

环境温度对鸡的能量需要影响很大，如白来航母鸡的每日代谢能需要量，当气温高于29℃时代谢能约为4.73兆焦，而在结冰天气中的未绝热鸡舍内则高达6.65兆焦，但对蛋白质、氨基酸、维生素和矿物质的绝对需求量几乎无影响。一般将母鸡的整个产蛋周期分为3个阶段，即产蛋初期、高峰期和产蛋后期，不同时期供给不同营养水平的日粮。碳水化合物、脂肪等养分是提供能量的主要物质。

2. 蛋鸡产蛋期营养需求的特点

产蛋鸡日粮中蛋白质的利用效率很大程度上取决于日粮中氨基酸的组成。日粮的氨基酸构成愈接近产蛋鸡的需要量，日粮蛋白质的利用率就愈高。蛋氨酸和赖氨酸是产蛋鸡玉米－豆粕型日粮中的第一和第二限制性氨基酸。因此，产蛋鸡日粮中添加蛋氨酸和赖氨酸可提高蛋白质的利用率。据报道，饲粮蛋氨酸和赖氨酸保持平衡，从而使平衡的后备母鸡日粮蛋白质利用率接近61%，而不平衡的日粮只有55%。产蛋鸡维生素的需要量与生长鸡相比，脂溶性维生素的需要量为生长鸡的1.5~2.5倍。矿物质中钙、磷的需要量为生长鸡的3~4倍，同时还应注意其他矿物质元素的供给。

（二）蛋鸡不同产蛋阶段营养需求的特点

1. 产蛋初期

在开产前1个月，鸡日采食量变化很小，从开产前4天起，日采

食量减少 20%，且保持低采食量至开产；在开产的最初 4 天内，采食量迅速增加；此后采食量以中等速度增加，直到产蛋第四周后，采食量增加缓慢。从开产前 2~3 周至开产后 1 周，母鸡体重也有所增加，增加 340~450 克，其后体重增加特别缓慢。研究表明，产蛋早期（开产后前 2~3 个月）适当增加营养即能量和蛋白质摄入量，对产蛋高峰的尽快到来是非常重要的。研究发现，第一枚蛋的重量与能量摄入的关系比与蛋白质摄入量的关系更为重要，认为能量的摄入多少是产蛋量的重要因素。因此，开产后前 2~3 周到产蛋高峰期这段时间的能量需要，对产蛋鸡的一生至关重要。在产蛋初期饲粮中添加脂肪非常有效。在日粮中添加一定脂肪（1.5%~2.0%），不仅能提高日粮中的能量水平，而且能改善日粮的适口性，提高日粮的采食量。

日粮蛋白质、氨基酸含量对产蛋期的产蛋量和蛋重都有影响，但对产蛋初期的蛋重无明显影响。产蛋期前 8~10 周的日粮应具有以下特征：粗粉料，含谷物量高；添加 2.0%~2.5% 的脂肪，至少含有 2.0% 的亚油酸；日粮的代谢能不低于 11.6 兆焦 / 千克；粗蛋白质含量不高于 18%，应含有足够数量的蛋氨酸 / 胱氨酸、赖氨酸、苏氨酸和色氨酸；最多含有 3.5% 的钙，且为粗颗粒钙。

2. 产蛋高峰期

从第 26~28 周龄进入产蛋高峰期直到 40 周龄，产蛋率达到 90% 左右，蛋重也从开产时的 40 克提高到 56 克以上。母鸡体重增加也较快，一般体重从 1 350 克增至约 1 800 克。产蛋高峰期，应使用高营养水平日粮，对维持较长的产蛋高峰至关重要，应特别注意提高蛋白质、氨基酸（特别是蛋氨酸）、矿物质和维生素水平，并且应保持营养物质的平衡。

3. 产蛋后期

产蛋高峰过后，进入产蛋后期，一般从 41 周龄到 60 周龄。产蛋高峰过后，蛋鸡已经成熟，鸡体用于自身生长的营养需要将消失，产蛋率下降，而蛋重则有所增加。另外，产蛋高峰过后的鸡群，采食量也较固定。随着周龄增加，养分摄入便过剩，体重增加，饲料利用效率下降。如果此时能量摄入过多，易发生脂肪肝。此阶段的营养目的是使产蛋率缓慢和平稳地下降。产蛋高峰期过后，仔细调节日粮中蛋白质和蛋氨酸水平可有效控制蛋重。产蛋下降后的3~4周内，日粮蛋白质的含量最多可降低0.5%。如果产蛋量下降超过预期水平，最安全的办法是减少日粮中的蛋氨酸水平，而不是日粮中的蛋白质水平，此期一般采用限制饲养。限食程度取决于产蛋鸡的体重、环境温度、产蛋率和日粮营养水平等因素，一般以采食量限制为正常的90%~95%较好。

第二节　产蛋鸡的营养需要与饲料配制

一、产蛋鸡的营养需要

蛋鸡19周龄至淘汰为产蛋期。这一时期按产蛋率高低分为产蛋前期、中期和后期。

1. 产蛋前期

开产至40周龄或产蛋率由5%达70%，因负担较重，对蛋白质的需要量随产蛋率的提高而增加。此外，蛋壳的形成需要大量的钙，因此对钙的需要量增加。蛋氨酸、维生素、微量元素等营养指标也应适量提高，确保营养成分供应充足，力求延长产蛋高峰期，充分发挥其生产性能。含钙原料应选用颗粒较大的贝壳粉和粗石粉，便于挑食。尽可能少用玉米蛋白粉等过细饲料原料，以免影响采食。

2. 产蛋中期

40~60周龄或产蛋率由80%至90%的高峰期过后，这一时期蛋鸡体重几乎没有增加，产蛋率开始下降，营养需要较高峰期略有降低。但由于蛋重增加，饲粮中的粗蛋白质水平不可降得太快，应采取试探性降低蛋白质水平较为稳妥。

3. 产蛋后期

60周龄以后或产蛋率降至70%以下，这一时期的产蛋率持续下降。由于鸡龄增加，对饲料中营养物质的消化和吸收能力下降，蛋壳质量变差，饲粮中应适当增加矿物质饲料的用量，以提高钙的水平。产蛋后期随产蛋量下降，母鸡对能量的需要量相应减少，在降低粗蛋白质水平的同时不可提高能量水平，以免使鸡变肥而影响生产性能

（表 3–1）。

表 3–1 产蛋鸡营养需要

营养指标	单位	开产至高峰期	高峰后期	种鸡
代谢能	兆焦 / 千克（千卡 / 千克）	11.29（2.70）	10.87（2.65）	11.29（2.70）
粗蛋白质	%	16.5	15.5	18.0
蛋白能量比	克 / 兆焦（克 / 千卡）	14.61（61.11）	14.26（58.49）	15.94（66.67）
赖氨酸能量比	克 / 兆焦（克 / 千卡）	0.64（2.67）	0.61（2.54）	0.63（2.63）
赖氨酸	%	0.75	0.70	0.75
蛋氨酸	%	0.34	0.32	0.34
蛋氨酸 + 胱氨酸	%	0.65	0.56	0.65
苏氨酸	%	0.55	0.50	0.55
色氨酸	%	0.16	0.15	0.16
精氨酸	%	0.76	0.69	0.76
亮氨酸	%	1.02	0.98	1.02
异亮氨酸	%	0.72	0.66	0.72
苯丙氨酸	%	0.58	0.52	0.58
苯丙氨酸 + 酪氨酸	%	1.08	1.06	1.08
组氨酸	%	0.25	0.23	0.25
缬氨酸	%	0.59	0.54	0.59
甘氨酸 + 丝氨酸	%	0.57	0.48	0.57
可利用赖氨酸	%	0.66	0.60	–
可利用蛋氨酸	%	0.32	0.30	–
钙	%	3.5	3.5	3.5
总磷	%	0.60	0.60	0.60
非植酸磷	%	0.32	0.32	0.32
钠	%	0.15	0.15	0.15
氯	%	0.15	0.15	0.15
铁	毫克 / 千克	60	60	60

（续表）

营养指标	单位	开产至高峰期	高峰后期	种鸡
铜	毫克 / 千克	8	8	6
锌	毫克 / 千克	80	80	60
锰	毫克 / 千克	60	60	60
碘	毫克 / 千克	0.35	0.35	0.35
硒	毫克 / 千克	0.30	0.30	0.30
亚油酸	%	1	1	1
维生素 A	国际单位 / 千克	8 000	8 000	10 000
维生素 D	国际单位 / 千克	1 600	1 600	2 000
维生素 E	国际单位 / 千克	5	5	10
维生素 K	毫克 / 千克	0.5	0.5	1.0
硫胺素	毫克 / 千克	0.8	0.8	0.8
核黄素	毫克 / 千克	2.5	2.5	3.8
泛酸	毫克 / 千克	2.2	2.2	10
烟酸	毫克 / 千克	20	20	30
吡哆醇	毫克 / 千克	3	3.0	4.5
生物素	毫克 / 千克	0.10	0.10	0.15
叶酸	毫克 / 千克	0.25	0.25	0.35
维生素	毫克 / 千克	0.004	0.004	0.004
胆碱	毫克 / 千克	500	500	500

注：根据中型体重鸡制定，轻型鸡可减少 10%；开产日龄按 5% 产蛋率计算

二、营养标准的选择

设计产蛋鸡饲料配方，首先要确定好使用的营养标准。确定产品标准是设计饲料配方的依据。多数饲料厂采用的是国家标准，有的采用育种公司标准或国外的营养标准（如 NRC 标准），许多较大的饲料厂制订了适合自己情况的企业标准。

（一）饲料厂家对饲料营养标准的选择

1. 采用国家标准

国家对产蛋鸡浓缩饲料（GB 8833—1988）实行的是强制性标准；

对产蛋后备鸡、产蛋鸡配合饲料（GB/T 5916—1993）实行的是推荐性标准；蛋雏鸡、育成蛋鸡浓缩饲料既没有国家标准，也没有行业标准。这样，设计饲料配方时，就不好参考。同时由于科学技术的进步，部分国家标准已经不适应目前实际情况，如植酸酶的应用，使得饲料中的植酸磷得以释放，被动物体利用，减少了无机磷的用量和对环境的污染，标准中的总磷指标就不适合现在的情况。新颁布实施的《饲料标签》(GB 10648—1999)，也对饲料标准提出了更高的要求，对产品的分析保证值要求也高了，如浓缩饲料要标示氨基酸、主要微量元素和维生素含量，而国家标准没有这些指标的数值。因此，国家标准有一定的局限性，应灵活使用。

2. 采用企业标准

由于国家标准和国外的营养标准（NRC 标准）的局限性，在我国实际生产中的不可操作性，许多企业制订了适合自身发展的企业标准。企业标准的制订，有国家标准的必须以国家标准为指导，指标不得低于国家标准。《饲料卫生标准》企业不得自己制订，属于强制性标准，必须遵照《国家饲料卫生标准》(GB 13078—2001）执行。

（二）蛋鸡场的饲料营养标准

每个育种公司每推出一个产蛋鸡新品种，就会有一整套的标准相应推出。一般讲育种公司为其自身利益考虑，制订的饲料标准相对而言往往较高。蛋鸡场家可以根据当地实际情况，作适当调整，确立相应的饲料营养标准。

三、饲料配方设计

（一）饲料配方设计标准

要了解市场，做好市场调研，满足市场需求，确立饲料配方设计标准。

饲料配方应用营养学方面的一个重要趋向是从最低成本配方向最大收益模型的发展。如最低成本配方、参数配方、最大收益配方等。现代化饲料企业目前还利用饲料配方优化技术包括影子价格，指导饲料原料的采购和饲料在企业内合理使用，指导新技术、新工艺的开发利用，从而提高企业的效益与竞争力。现代化技术与现代经营管理相结合，这也是饲料工业发展的总趋势。

由于一个地区的饲养蛋鸡品种，饲养方式不同，所以设计饲料配方时，首先要做市场调查，明确蛋鸡种类，尽量根据品种建议量设计配方。如有育种公司提供的营养标准，就应尽量根据育种公司提供的标准设计配方。

（二）配方设计原则

第一，要适应市场需求，有市场竞争力；第二，要有科学先进性，在配方中运用动物营养领域的新知识、新成果；第三，要有经济性，在保证畜禽营养的前提下，饲料配方成本最低；第四，要有可操作性，满足市场需求的前提下，根据企业自身条件，充分运用多种原料种类，保证饲料质量稳定；第五，要求配方要有合法性，不得使用国家明确不准添加的饲料添加剂。

（三）饲料配方的设计与调整

1. 饲料配方计算方法

以往的饲料配方计算是采用简单的试差法、十字法、对角线法等方法。

试差法是一种实用的饲料配方方法，对于初养鸡者以及没有学习过饲料配方的人员较容易掌握，只要了解饲料原料主要特性并且合理利用饲养标准，就可在短时间内配制出实用、廉价、效果理想的饲料配方。下面以试差法为例，简单介绍饲料配方的计算方法。

制定饲料配方，至少需要两方面的资料：蛋鸡的营养需要量和常用饲料营养成分含量。

假设养殖场有玉米、豆饼、花生粕、棉籽粕、鱼粉、麦麸、磷酸氢钙、石粉、食盐、赖氨酸（98%）、蛋氨酸（99%）、0.5%复合预混料等原料，为0~8周龄的罗曼蛋雏鸡设计配合饲料。

（1）查标准，定指标。查罗曼蛋鸡的饲养标准，确定0~8周龄的罗曼蛋雏鸡的营养需要量。蛋鸡的营养需要中考虑的指标一般有代谢能、粗蛋白质、钙、有效磷、蛋氨酸＋胱氨酸、赖氨酸（表3–2）。

表 3-2 0~8 周的罗曼蛋雏鸡的饲养标准

代谢能（兆焦 / 千克）	粗蛋白质（%）	钙（%）	总磷（%）	有效磷（%）	蛋氨酸 + 胱氨酸（%）	赖氨酸（%）
11.91	18.50	0.95	0.7	0.45	0.67	0.95

（2）根据原料种类，列出所用饲料的营养成分。在我国一般直接选用《中国饲料成分及营养价值表》中的数据即可。对照各种饲料原料列出其营养成分含量（表 3-3）。

表 3-3 饲料的营养成分含量

饲料	代谢能（兆焦 / 千克）	粗蛋白质（%）	钙（%）	总磷（%）	有效磷（%）	蛋氨酸 + 胱氨酸（%）	赖氨酸（%）
玉米	13.56	8.7	0.02	0.27	0.1	0.38	0.24
麦麸	6.82	15.7	0.11	0.92	0.3	0.39	0.58
豆粕	9.83	44.0	0.33	0.62	0.18	1.30	2.66
花生粕	10.88	47.8	0.27	0.56	0.33	0.81	1.40
棉籽粕	8.49	43.5	0.28	1.04	0.36	1.26	1.97
鱼粉	12.18	62.5	3.96	3.05	3.05	2.21	5.12

（3）初拟配方。参阅类似配方或自己初步拟定一个配方，配比不一定很合理，但原料总量接近 100%。根据饲料原料的具体情况，初拟饲料配方并计算营养物质含量。

根据实践经验，雏鸡饲料中各类饲料的比例一般为：能量饲料 65%~70%，蛋白质饲料 25%~30%，矿物质饲料等 3%~3.5%（包括 0.5% 复合预混料）。初拟配方时，蛋白质饲料按 27% 估计，棉籽粕适口性差并含有毒素，占日粮的 3%；花生粕定为 2%，鱼粉价格较高，占日粮的 3%，豆粕则为 19%（27%-3%-2%-3%），玉米充足，占日粮的比例较高 65%；小麦麸粗纤维含量高，占日粮的 5%；矿物质饲料等 3%。

一般配方中营养成分的计算种类和顺序是：能量→粗蛋白质→钙→磷→食盐→氨基酸→其他矿物质→维生素。计算各种原料营养素的含量方法：各种原料营养素的含量 × 原料配比，然后把每种原料的计算值相加得到某种营养素在日粮中的浓度。先计算代谢能与粗蛋白质的含量（表 3-4）。

表 3-4　代谢能与粗蛋白质的含量

原料	比例（%）	代谢能（兆焦 / 千克）		粗蛋白质（%）	
		原料中	饲粮中	原料中	饲粮中
玉米	65	13.56	13.56 × 0.65=8.814	8.7	8.7 × 0.65=5.66
麦麸	5	6.82	6.82 × 0.05=0.341	15.7	15.7 × 0.05=0.785
豆粕	19	9.83	9.83 × 0.19=1.868	44	44 × 0.19=8.36
花生粕	2	10.88	10.88 × 0.02=0.218	47.8	47.8 × 0.02=0.956
棉籽粕	3	8.49	8.49 × 0.03=0.255	43.5	43.5 × 0.03=1.305
鱼粉	3	12.18	12.18 × 0.03=0.365	62.5	62.5 × 0.03=1.875
合计	97		11.86		18.94
标准			11.92		18.5
与标准比			-0.06		+0.44

以上饲粮，和饲养标准相比，代谢能偏低，需要提高代谢能，降低粗蛋白质。

（4）调整配方。方法是用一定比例的某一种原料替代同比例的另外一种原料。计算时可先求出每代替 1% 时，饲粮能量和蛋白质改变的程度，然后根据第三步中求出的与标准的差值，计算出应该代替的百分数。用能量高和粗蛋白低的玉米代替豆粕，每代替 1% 可使能量提高（13.56-9.83）× 1%=0.0373 兆焦 / 千克，粗蛋白质降低（44-8.7）× 1%=0.353 个百分点。要使粗蛋白质含量与标准中的 18.5% 相符，需要降低豆粕比例为（0.44/0.35）× 100%=1.3%，玉米相应增加 1.3%。调整配方后代谢能与粗蛋白质的含量见表 3-5。

表 3-5 代谢能与粗蛋白质的含量

原料	比例（%）	代谢能（兆焦 / 千克）		粗蛋白质（%）	
		原料中	饲粮中	原料中	饲粮中
玉米	66.3	13.56	13.56 × 0.663=8.814	8.7	8.7 × 0.663=5.768
麦麸	5	6.82	6.82 × 0.05=0.341	15.7	15.7 × 0.05=0.785
豆粕	17.7	9.83	9.83 × 0.177=1.74	44	44 × 0.177=7.78
花生粕	2	10.88	10.88 × 0.02=0.218	47.8	47.8 × 0.02=0.956
棉籽粕	3	8.49	8.49 × 0.03=0.255	43.5	43.5 × 0.03=1.305
鱼粉	3	12.18	12.18 × 0.03=0.365	62.5	62.5 × 0.03=1.875
合计	97		11.91		18.47
标准			11.92		18.5
与标准比			−0.01		−0.03

（5）计算矿物质和氨基酸含量，用上表计算方法得出矿物质和氨基酸用量表 3-6。

表 3-6 矿物质和氨基酸含量

原料	比例（%）	钙（%）	总磷（%）	有效磷（%）	蛋氨酸 + 胱氨酸（%）	赖氨酸（%）
玉米	66.3	0.0133	0.179	0.0663	0.2519	0.1591
麦麸	5	0.0055	0.046	0.015	0.0195	0.029
豆粕	17.7	0.0584	0.1097	0.0318	0.2301	0.4708
花生粕	2	0.0054	0.0112	0.0066	0.0162	0.028
棉籽粕	3	0.0084	0.0312	0.0108	0.0378	0.0591
鱼粉	3	0.1188	0.0915	0.0915	0.0663	0.1536
合计	97	0.21	0.468	0.222	0.6218	0.8996
标准		0.95	0.7	0.45	0.67	0.95
与标准比		−0.74	−0.232	−0.228	−0.0482	−0.0504

和饲养标准相比，钙、磷、蛋氨酸 + 胱氨酸、赖氨酸都不能满足需要，都需要补充。钙比标准低 0.74%；磷比标准低 0.232%，蛋氨酸 + 胱氨酸比标准低 0.0482%；赖氨酸比标准低 0.0504%。因

磷酸氢钙中含有钙和磷，先用磷酸氢钙补充磷，需要磷酸氢钙0.232%÷16%=1.45%。1.45%的磷酸氢钙可为饲粮提供21%×1.45%=0.305%的钙，钙还差0.74%-0.305%=0.435%，用含钙36%的石粉补充，需要石粉0.435%÷36%=1.2%。市售的赖氨酸实际含量为78.8%，添加量为0.0504%÷78.8%=0.06%；蛋氨酸纯度为99%，添加量为0.0482%÷99%=0.05%。

（6）补充各种添加剂。预配方中，各种矿物质饲料和添加剂总量为3%，食盐按0.3%，复合预混料按0.5%添加，再加上（磷酸氢钙+石粉+赖氨酸+蛋氨酸）的总量为3.56%，比预计的多出0.56%，可以将麸皮减少0.56%。

（7）确定配方。最终配方见表3-7。

表3-7 最终配方及主要营养指标

饲料	比例（%）	营养指标	含量
玉米	66.3	代谢能（兆焦/千克）	11.91
麦麸	4.44	粗蛋白质（%）	18.5
豆粕	17.7	钙（%）	0.95
花生粕	2	总磷（%）	0.7
棉籽粕	3	有效磷（%）	0.45
鱼粉	3	蛋氨酸+胱氨酸（%）	0.67
石粉	1.2	赖氨酸（%）	0.95
磷酸氢钙	1.45		
食盐	0.30		
蛋氨酸	0.05		
赖氨酸	0.06		
预混料	0.5		
合计	100		

现在饲料厂大都采用计算机设计饲料配方，不仅计算效率大大提高，还可以全面考虑营养与成本的关系，资源利用率提高，饲料成本下降。

2. 饲料配方中环保问题的处理

作为饲料生产者应在优化饲料配方，正确选用饲料原料及添加剂方面保持不损害生态环境的忧患意识。

（1）按照可消化氨基酸含量和理想蛋白质模式。按照可消化氨基酸含量和理想蛋白质模式给鸡配合平衡日粮，使其中各种氨基酸含量与动物的维持与生产需要完全符合，则饲料转化效率最大，营养素排出可减至最少，从而减轻环境污染，实践证明，按可消化氨基酸和理想蛋白质模式计算并配制的产蛋鸡饲料，可降低日粮蛋白质水平2.5%，而生产性能不减，鸡粪中氮含量减少 20%。

（2）选用其他促生长类添加剂替代抗生素。

酶制剂：酶制剂能加速营养物质在动物消化道中的降解，并能将不易被动物吸收的大分子物质降解为易被吸收的小分子物质，从而促进了营养物质的消化和吸收，提高了饲料的利用率，值得一提的是植酸酶，它可以利用饲料原料中的植酸磷，从而减少了动物粪便对环境的磷污染。

益生素：是一种通过以改善动物消化道菌群平衡而对动物产生有益作用的微生物饲料添加剂，它能抑制和排斥大肠杆菌、沙门氏菌等病原微生物的生长和繁殖，促进乳酸菌等有益微生物的生长和繁殖。从而在动物的消化道确立以有益微生物为主的微生物菌群，降低了动物患病的机会，促进动物生长。

中草药添加剂：中草药添加剂是我国特有的中医中药理论长期实践的产物，具有顺气消食、镇静定神、驱虫除积、消热解毒、杀菌消炎等功能，从而可以促进动物新陈代谢、增强动物的抗病能力，提高饲料转化率。中草药没有化学残留和特定的抗药性等副作用，因而有很大的应用价值和发展前途。

3. 饲料配方的季节性调整

（1）夏季饲料配方的调整。首先要调整配方中营养水平。炎热的夏季，由于气温高，致使产蛋鸡采食量下降，适当提高饲料营养成分浓度，增加幅度要依采食量减少而定，一般增加 5%~10%。如产蛋高峰期蛋白质和代谢能水平，应分别从 16.5% 及 11.5 兆焦 / 千克，调整为 17.6% 及 12.3 兆焦 / 千克，其他营养成分浓度调整比例大致同此。

其次，要注意原料的选用。炎夏产蛋鸡饲料中最好加入少量油脂，这不仅可提高代谢能值，而且可促进采食，减少体增热，促进营养物质的吸收，提高饲料的利用效率。有条件地方可用质量可靠的贝粉替代石粉，也可石粉、贝粉混合使用，使贝粉与石粉的比例为1∶（3~4），贝粉中除含钙外，尚含少量氨基酸多糖，有促进采食及有益消化的作用。对有异味的肉骨粉、血粉及肠羽粉要慎用或不用。对不含蛋白质和能量的原料，如沸石粉、麦饭石粉要少用，添加量不宜超过3%。

另外，可以使用天然饲料添加剂，确保蛋鸡安全度夏。允许在常规饲料中使用杆菌肽锌，但应限制使用抗生素药物。其他常用的饲料添加剂，如维生素C、碳酸氢钠、氯化钾及复合酶制剂等均有裨益，但使用后会大幅增加饲料成本。合理选择天然饲料添加剂，不仅可确保产蛋鸡安全度夏，而且不会增加饲料成本，无药残及耐药菌株产生。常用的有：

大蒜：研究表明大蒜素（精油）对多种球菌、痢疾杆菌、大肠杆菌、伤寒杆菌、真菌、病毒、阿米巴原虫球虫和蛲虫均有抑制或杀灭作用，特别对于菌痢和肠炎有较好疗效，并有促进采食，助消化，促进产蛋，改善产品风味和饲料防霉作用。另外大蒜素可与维生素B_1结合，可防止后者遭破坏，故可增加有效维生素B_1的吸收。大蒜素还对动物免疫系统有激活作用。天然大蒜可直接（连皮）在产蛋鸡饲料中按1%~2%比例添加。

生石膏：研细末，按饲料0.3%~1.0%比例混饲，有解热清胃火之效。还可以增加血清中钙离子浓度，降低骨骼肌兴奋性，缓慢肌肉痉挛，对动物暑热症及热应激症颇为适用。

（2）冬季饲料配方的调整。在北方的晚秋、冬季，由于玉米等能量饲料水分较高，蛋鸡生产场应将高水分玉米换算成标准水分玉米后再饲喂。

4. 饲料药物添加剂应用原则

应用饲料药物添加剂时要有针对性，应随蛋鸡品种、生产阶段、环境、季节、区域的不同而不同，做到有的放矢。

5. 饲料配方保真

在饲料生产中常出现成品质量与配方设计之间有一定差异，达不到配方设计的要求。对原料营养成分变异、粉碎粒度、混合均匀度、配料精度、制料工艺、成品水分、物料残留、采样、化验等影响成品质量的每一因素进行分析，以使理论值与实际相吻合。达到饲料配方保真效果。

6. 浓缩饲料配制的注意事项

饲料厂通常设计 20%~40% 的浓缩料，比例太低，用户需要配合的饲料种类增加，成本显得过高，饲料厂不容易控制最终产品；比例太高，就会失去浓缩的意义。通常情况蛋雏鸡设计 30%~50% 的浓缩料，育成鸡 30%~40%，产蛋鸡 35%~40%。其计算方法有以下两种：一是由配合饲料推算；二是由设定比例推算，再按照此比例配制。用户应用浓缩料时，应按照饲料厂推荐配方使用，这样容易进行质量控制。用户因原料变化，应重新进行配比计算，满足主要指标。

四、产蛋鸡饲料配方实例

（一）常规饲料原料配制 19 周龄至开产蛋鸡配方（表 3-8）

表 3-8 常规饲料原料配制 19 周龄至开产蛋鸡配方

原料（%）	1	2	3	4	5
玉米	64.99	59.90	60.88	59.11	62.97
高粱	–	–	–	10.00	3.00
小麦麸	3.88	–	–	–	–
大麦（裸）	–	7.00	7.00	–	–
麦芽根	–	–	–	–	2.06
米糠	–	5.00	–	–	–
大豆粕	15.00	15.00	15.00	14.00	20.00
棉籽饼	–	–	–	3.00	3.00
向日葵仁粕	4.00	–	–	3.00	–
蚕豆粉浆蛋白粉	–	–	–	4.00	–
菜籽粕	3.00	3.00	–	–	–
玉米胚芽粕	–	–	–	–	2.00

（续表）

原料（%）	1	2	3	4	5
玉米蛋白粉	–	–	3.87	–	–
苜蓿草粉	–	–	4.00	–	–
鱼粉	3.00	4.00	3.00	–	–
氢钙	0.40	0.24	0.60	0.87	0.82
石粉	4.49	4.47	4.23	4.62	4.64
食盐	0.20	0.19	0.22	0.30	0.31
蛋氨酸	0.04	0.10	0.10	0.10	0.10
赖氨酸	–	0.10	0.10	–	0.10
预混料	1.00	1.00	1.00	1.00	1.00
总计	100.00	100.00	100.00	100.00	100.00
代谢能（兆焦/千克）	11.51	11.65	11.59	11.77	11.50
粗蛋白质	17.02	16.94	17.00	17.04	16.83
钙	2.00	2.00	2.00	2.00	2.00
非植酸磷	0.32	0.32	0.36	0.32	0.32
钠	0.15	0.15	0.15	0.15	0.15
氯	0.19	0.17	0.20	0.23	0.24
赖氨酸	0.78	0.88	0.83	0.79	0.86
蛋氨酸	0.34	0.39	0.40	0.36	0.36
含硫氨基酸	0.64	0.69	0.68	0.64	0.65

（二）常规饲料原料配制开产至高峰蛋鸡配方（表3-9）

表3-9　常规饲料原料配制开产至高峰蛋鸡配方

原料（%）	1	2	3	4	5
玉米	64.41	62.20	64.59	64.77	64.67
小麦麸	0.55	0.40	–	0.78	0.37
米糠饼	–	5.00	–	–	–
大豆粕	12.00	15.00	18.00	13.89	16.00
菜籽粕	3.00	–	–	–	3.00
麦芽根	–	–	1.28	–	–

（续表）

原料（%）	1	2	3	4	5
花生仁粕	–	3.00	–	–	–
向日葵仁粕	3.00	–	–	–	–
玉米胚芽饼	–	–	1.66	–	–
玉米 DGGS	–	–	–	3.00	–
啤酒酵母	–	–	–	4.00	–
玉米蛋白粉	3.00	–	–	–	3.00
鱼粉	3.62	4.00	4.00	3.00	2.24
氢钙	1.13	1.08	1.09	1.31	1.39
石粉	8.00	8.00	8.00	8.00	8.00
食盐	0.19	0.19	0.20	0.15	0.24
蛋氨酸	0.06	0.10	0.09	0.09	0.07
赖氨酸	0.05	0.03	0.10	–	0.02
预混料	1.00	1.00	1.00	1.00	1.00
总计	100.00	100.00	100.00	100.00	100.00
代谢能（兆焦 / 千克）	11.30	11.30	11.30	11.30	11.30
粗蛋白质	16.50	16.50	16.50	16.50	16.50
钙	3.50	3.50	3.50	3.50	3.50
非植酸磷	0.49	0.49	0.49	0.50	0.50
钠	0.15	0.15	0.15	0.15	0.15
氯	0.18	0.18	0.19	0.16	0.20
赖氨酸	0.75	0.81	0.90	0.80	0.75
蛋氨酸	0.36	0.38	0.37	0.38	0.36
含硫氨基酸	0.65	0.65	0.65	0.65	0.65

第三节　产蛋规律及产蛋曲线

一、产蛋规律

母鸡产蛋具有一定的规律性，就年产蛋而言，第一个产蛋年产蛋量最高，第二年较第一年降低 20% 左右，这也是商品蛋鸡一般只饲养一个生产周期即要淘汰的原因之一。

就产蛋周期来看，产蛋率变化随着周龄的增长呈现低 – 高 – 低的变化。一般在 20 周龄时产蛋率达到 5%，22~23 周龄时产蛋率达 50%，26~28 周龄时产蛋率达到 90% 以上，一直维持到 40 周龄左右，40 周龄以后产蛋率开始缓慢下降，到 72 周龄时产蛋率仍可达 70% 左右。

蛋重的变化规律是一般随着鸡周龄增大而增加，到第一个产蛋年末达到最大，以后趋于稳定，第二个产蛋年后，随着年龄增加，蛋重逐渐减轻。

二、产蛋曲线

根据鸡的产蛋情况，以产蛋周龄为横坐标，以该周龄对应的产蛋率为纵坐标所绘制成的曲线称产蛋曲线（图 3–1）。

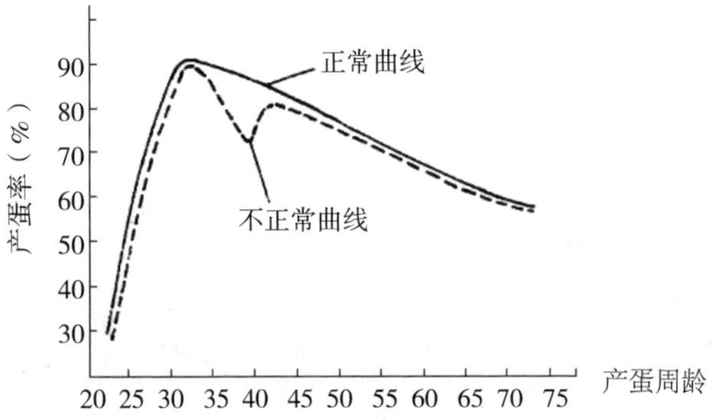

图 3–1　产蛋曲线

按照产蛋曲线变化特点和各阶段鸡群的生理特点，可将产蛋期划分为初产期、高峰期和产蛋后期 3 个时期。

第四节 蛋鸡产蛋前期的饲养管理

一、产蛋前期蛋鸡自身生理变化的特点

（一）内分泌功能的变化

18 周龄前后鸡体内的促卵泡素、促黄体生成素开始大量分泌，刺激卵泡生长，使卵巢的重量和体积迅速增大。同时大、中卵泡中又分泌大量的雌激素、孕激素，刺激输卵管生长、耻骨间距扩大、肛门松弛，为产蛋做准备。

（二）法氏囊的变化

法氏囊是鸡的重要免疫器官，在育雏育成阶段在抵抗疾病方面起到很大作用。但是在接近性成熟时由于雌激素的影响而逐渐萎缩，开产后逐渐消失，其免疫作用也消失。因此，这一时段是鸡体抗体青黄不接的时候，比较容易发病。因此要加强各方面的饲养管理（主要是环境、营养与疾病预防）。

（三）内脏器官的变化

除生殖器官快速发育外，心脏、肝脏的重量也明显增加，消化器官的体积和重量增加得比较缓慢。

二、产蛋前期的管理目标与管理重点

（一）管理目标

让鸡群顺利开产，并快速进入产蛋高峰期；减少各种应激，尽可能地避免意外事件的发生；储备抗病能力。

（二）管理工作的重点

1. 做好转群工作

此阶段鸡群由后备鸡舍转入产蛋鸡舍，转群是这个阶段最大的应激因素。

（1）环境过渡要平稳。鸡群在短时间能够适应环境变化，顺利进行开产前体能的储备。转群工作如果控制不好，应激过大，往往造成转群后鸡群体质下降，增重减缓，严重时甚至有条件性疾病的发生，影响产蛋水平。

转群前做好空舍消毒工作，保证空舍时间在15天以上，切断上下批次病原的传播。对于发生过疾病的栋舍更应彻底做好空舍、栋内原有物品、周围环境的消毒工作。转群前还要做好设备检修、人员配备、抗应激药物使用等环节的工作。

关于转群时机，由于近年来选育的结果，鸡的开产日龄提前，转群最好能在16周龄前进行，但注意此时体重必须达到标准。

（2）搞好环境控制。充分做好转群后蛋鸡舍与育成舍环境控制的衔接工作，认真了解鸡群在育成舍的温度、湿度、风机开启数量、进风口面积及其他环境参数，尽可能地减少转群前后环境差异造成的应激。冬季应当特别注意湿度对环境的影响，湿度过大（大于40%）造成风寒指数增高，鸡群受寒着凉，抵抗力下降，容易诱发条件性疾病。

（3）防疫、隔离卫生。产蛋前期的鸡群各项抗体水平还没有达到最高峰，由于转群、免疫等应激因素影响，鸡群抵抗力降低容易受到疾病（如新城疫、传染性支气管炎、禽流感等）的侵袭。一旦发生此类疾病，常造成开产延迟或达不到应有的产蛋水平。此阶段除做好日常饲养管理外，还要做好鸡群的各项防疫隔离措施，防止疾病的传入。

在转群前，最好接种新城疫油苗加活苗，减蛋综合征灭活苗及其他疫苗。转群后最好进行一次彻底的驱虫工作，对体表寄生虫如螨、虱等可用喷洒药物的方法。对体内寄生虫可内服丙硫咪唑20~30毫克/千克体重，或用阿福丁（主要成分阿维菌素）拌入料中服用。转群、接种前后在料中应加入多种维生素、抗生素以减轻应激反应。

保持舍内日常卫生干净整洁，认真做好带鸡消毒工作，保持饲养人员的稳定。

2. 适时更换产前料，满足鸡的营养需要

当鸡群在17~18周龄，体重达到标准，马上更换产前料能增加体内钙的贮备和让小母鸡在产前体内贮备充足营养和体力。实践证明，根据体重和性发育，较早些时间更换产前料对将来产蛋有利，过晚使用钙料会出现瘫痪，产软壳蛋的现象。

（1）从18周龄开始给予产前料。青年鸡自身的体重、产蛋率和蛋重的增长趋势，使产蛋前期成了青年母鸡一生中机体负担最重的时期，这期间青年母鸡的采食量从 75 克逐渐增长到 120 克左右，由于种种原因，很可能造成营养的吸收不能满足机体的需要。为使小母鸡能顺利进入产蛋高峰期，并能维持较长久的高产，减少高峰期可能发生的营养上的负平衡对生产的影响，从 18 周龄开始应该给予较高营养水平的产前料，让小母鸡产前在体内贮备充足的营养。

一般地，当鸡群产蛋达到 5% 时应更换产前料。过早更换产前料容易造成鸡群拉稀，过晚更换会造成鸡只营养储备不足影响产蛋。产前料使用时间不超过 10 天为宜，进而更换为产蛋高峰料，为高产鸡群提供充足的营养。

产前料是高峰料和育成料的过渡，放弃使用产前料，由育成料直接过渡到高峰料的做法是不科学的。

（2）从 18 周龄开始，增加饲料中钙的含量。小母鸡在 18 周龄左右，生殖系统迅速发育，在生殖激素的刺激下，骨腔中开始形成骨髓，骨髓约占性成熟小母鸡全部骨骼重量的 72%，是一种供母鸡产蛋时调用的钙源。从 18 周龄开始，及时增加饲料中钙的含量，促进母鸡骨骼的形成，有利于母鸡顺利开产，避免在高峰期出现瘫鸡，减少笼养鸡疲劳症的发生。

（3）夏季添加油脂。对产蛋高峰期在夏季的鸡群，更应配制高能高蛋白水平的饲料，如有条件可在饲料中添加油脂，当气温高至 35℃以上时，可添加 2% 的油脂；气温在 30~35℃范围时，可添加 1% 的油脂。油脂含能量高，极易被鸡消化吸收，并可减少饲料中的粉尘，提高适口性，对于增强鸡的体质，提高产蛋率和蛋重有良好作用。

（4）检查饲料是否满足青年母鸡营养需要。检查营养上是否满足鸡的需要，不能只看产蛋率情况。青春期的小母鸡，即使采食的营养不足，也会保持其旺盛的繁殖机能，完成其繁衍后代的任务。在这种情况下，小母鸡会消耗自身的营养来维持产蛋，所以蛋重会变得比较小。因此当营养不能满足需要时，首先表现在蛋重增长缓慢，蛋重小，接着表现在体重增长迟缓或停止增长，甚至体重下降；在体重停止增长或有所下降时，就没有体力来维持长久的高产，所以紧接着产蛋率就会停止上升或开始下降。产蛋率一旦下降，即使采取补救措施也难以恢复了。

3. 创造良好的生活环境，保证营养供给

开产是小母鸡一生中的重大转折，是一个很大的应激，在这段时间内小母鸡的生殖系统迅速发育成熟，青春期的体重仍需不断增长，要增重400~500克，蛋重逐渐增大，产蛋率迅速上升，消耗母鸡的大部分体力。因此，必须尽可能地减少外界对鸡的进一步干扰，减轻各种应激，为鸡群提供安宁稳定的生活环境，并保证满足鸡的营养需要。

凡是体重能保持品种所需要的增长趋势的鸡群，就可能维持长久的高产，为此在转入产蛋鸡舍后，仍应掌握鸡群体重的动态，一般固定30~50只做上记号，1~2周称测一次体重。

在正常情况下，开产鸡群的产蛋率每月能上升3%~4%。

4. 光照管理

产蛋期的光照管理应与育成阶段光照具有连贯性。

饲养于开放式鸡舍，如转群处于自然光照逐渐增长的季节，且鸡群在育成期完全采用自然光照，转群时光照时数已达10小时或10小时以上，转入蛋鸡舍时不必补给人工照明，待到自然光照开始变短的时候，再加入人工照明予以补充，人工光照补助的进度是每周增加半小时，最多一小时，亦有每周只增加15分钟的，当自然光照加人工补助光照共计16小时，则不必再增加人工光照，若转群处于自然光照逐渐缩短的季节，转入蛋鸡舍时自然光照时数有10小时，甚至更长一些，但在逐渐变短，则应立即加补人工照明，补光的进度是每周增加半小时，最多1小时，当光照总数达16小时，维持恒定即可。

产蛋鸡的光照强度：产蛋阶段对需要的光照强度比育成阶段强约1倍，应达20勒克斯。鸡获得光照强度和灯间距、悬挂高度、灯泡瓦数、有无灯罩、灯泡清洁度等因素有密切关系。

人工照明的设置，灯间距2.5~3.0米，灯高（距地面）1.8~2.0米，灯泡功率为40瓦，行与行间的灯应错开排列，这样能获得较均匀的照明效果，每周至少要擦一次灯泡。

第五节 产蛋高峰期的饲养管理

鸡群产蛋达到 80% 就进入产蛋高峰期，一般在 21~47 周龄。这个时期，大多数鸡只已经开产，当产蛋率达到 90% 后增长逐渐放缓，直到达到产蛋尖峰；产蛋率、体重、蛋重仍在增长，鸡只生理负担大，鸡群抗应激能力下降，对外界环境的变化较敏感，易发生呼吸道、大肠杆菌等条件性疾病；抗体消耗大，需要加强禽流感、新城疫等疾病的补充免疫。

产蛋高峰期管理的原则在于尽可能地让鸡维持较长的产蛋高峰，23 周龄产蛋率达 90%，产蛋尖峰值达 95%~96%，90% 以上产蛋率维持 6 个月；产蛋高峰下降慢，48 周龄以后产蛋率从 90% 逐步缓慢下降，72 周龄下降到 78%，每周平均下降 0.48 个百分点。

一、饲喂管理

1. 选择优质饲料

要选择优质饲料，确保饲料营养的全价与稳定，新鲜、充足。

2. 关注鸡只的日耗料量和每天的喂料量

鸡只日耗料量，即鸡群每天的采食量，是判断鸡群健康状况的重要数据之一。通过测定鸡只的日耗料量，可以准确掌握鸡只每天喂料的数量，满足鸡群采食和产蛋期营养需要，为产蛋高峰的维持打下基础。

监测日耗料量，可选取 1%~2% 的鸡只进行人工饲喂。每天喂料量减去次日清晨剩余料量后所得值除以鸡只数，即为鸡只日耗料量（克 / 天）。当前后两天日耗料量（或日耗料量与推荐标准日耗料量相比）相差 10% 时，要及时关注鸡群健康状况，采取针对性应对措施。

用鸡只日耗料量乘以鸡只饲养量，即为每天喂料量。饲喂时，要求定时定量，分批饲喂。建议每天至少饲喂 3 次，匀料 3 次。每天开灯后 3~4 小时，关灯前 2~3 小时是鸡群的采食高峰期，要确保饲料供给充足。

高温季节，鸡只采食量下降，营养摄取不足，进而影响生产性能发挥。为保证夏季鸡只采食量的达标，推荐在夜间补光 2 小时，增加鸡只采食时间和采食量。补光原则为前暗区要比后暗区长，且后暗区不得小于2.5小时。

二、饮水管理

（一）注意饮水温度

开放式饲养的鸡群，一般中小型蛋鸡场的供水、供料都在运动场，小型饲养户的饮水用具也多在室外。夏季气温高时，应将饮水器放在阴凉处，水温要比气温略低，切忌太阳暴晒。按照鸡的习性，它们不喜欢饮温热的水，相比之下对温度较低的水却不拒饮。冬季天气寒冷，气温低，最好给鸡饮温水，温水鸡爱喝，也能减少体热损失，增强抗寒能力，对鸡的健康和产蛋都有利。给水温度不得低于5℃，以15℃为佳。

（二）保证饮水卫生

饮水必须清洁卫生，被病菌或农药等污染的水不能用。鸡的饮用水是有标准的，可参照人饮用水的标准。影响水质的因素有：水源、蓄水池或盛水用具、水槽或饮水用具、带菌的鸡。因此，要定期对盛水用具进行消毒。若用槽式水具，应每天擦洗，这是一项简单而又很难做好的事情；第三层水槽较高，不易擦洗，须特别注意。

（三）适时供给饮水

鸡每天有出现3次饮水高峰期，即每天早晨8时、中午12时、下午6时左右。鸡的饮水时间大都在光照时间内。早上8时左右，鸡开始接受光照；中午12时左右，是鸡产蛋的高峰时间，母鸡产完蛋后，体内消耗较多的水分，感到非常口渴要喝水；下午6时左右，光照时间即将结束，准备进入晚上开始休息，鸡要喝足水以利晚上体内备用。如果产蛋鸡在这3个需水高峰期内喝不到水或喝不足水，鸡的产蛋和健康就会很快表现出来。

（四）适量供给饮水

通常情况下，每只鸡每天需水量及料水比为，春、秋季为200毫升左右，料水比1∶18；夏季为270~280毫升，料水比1∶3；冬季为100~110毫升，料水比1∶0.9，应根据季节调整供水量。用干料喂鸡时，饮水量为采食量的2倍；用湿料喂鸡，供水量可少些。当产蛋率升高时，需水量也随之增加。因为这时鸡产蛋旺盛，代谢加强，不仅形成蛋需要水分，而且随着鸡食量的增大，需水量也逐渐增大。

（五）不断水、不跑水

有的饲养员身材高度不够，就踩在第一层笼上或料槽上擦第三层水槽，会引起水槽坡度改变，使水槽有些段水深，有些段水浅，甚至跑水。所以，调整水槽坡度是饲养员经常性的任务之一。水槽中水的深度应在 1.5 厘米以上，低于 0.5 厘米时，鸡饮水就很困难，且饮水量不够。使用乳头式饮水器时，要勤检查水质、水箱压力、乳头有无堵塞不供水或关闭不经常流水。有的养鸡农户将水槽末端排水口堵塞，每天添几次水，这种供水方式容易造成断水和饮水量不足，这也是影响产蛋量的因素。

（六）处理浸湿的饲料

水槽跑水或漏水，在养鸡生产中是不可避免的。可分几种情况对待：料槽中个别段落饲料被水浸湿，数量不多时，与附近的干料拌和即可；被浸湿饲料数量多但未变质，可取出与干料拌和后分投在料线上喂给；对酸败、发霉的饲料，应立即取出，并对污染的饲槽段进行防霉处理。前两种处理方法，一是不浪费饲料，二是使含水量多的饲料尽可能分散让更多的鸡分担，以便不致影响干物质的进食量。

（七）做好供水记录

鸡的饮水量除与气温高低有关外，还可以作为观察鸡群是否有潜在疾病或中毒的依据。鸡在发病时，首先表现饮水量降低，食欲下降，产蛋量有变化，然后才出现症状；有的急性病例根本看不到症状。而鸡中毒后则相反，是饮水量突然增加。养鸡一定要做到心中有数，如这群鸡一天饮几桶水，吃多少料，产多少蛋，心中应该有个谱。

三、体重管理

处于产蛋高峰期的鸡群，每 10 天平均生产 9~9.5 枚蛋，生产性能已经发挥到极致，体质消耗极大，如果体重不能达到标准，高峰期的维持时间则相应缩短。因此，这个时期，要确保体重周周达标，以保证高峰期的维持。

每周龄末，在早晨鸡群尚未给料空腹时，定时称测 1%~2% 的鸡群体重；所称的鸡只，要进行定点抽样，每次称测点应固定，每列鸡群点数不少于 3 个，分布均匀。

当平均体重低于标准 30 克以上时，应及时添加营养，如 1%~2% 植物油脂，连续潮拌 4~6 天。

四、环境控制

（一）通风管理

通风管理是饲养管理的重中之重，高峰期一般采用相对谨慎的通风方式，在设定舍内目标温度、舍内风速控制等方面需谨慎。高峰期，产蛋鸡群舍内温度要控制在 13~25℃，昼夜温差控制在 3~5℃以内，湿度 50%~65%，保持空气清新，风速适宜，冬季 0.1~0.2 米/秒，环境稳定。

春、秋季，鸡舍通风以维持温度的相对稳定为主。昼夜温差控制在 3~5℃；舍温随季节上升或下降时，每天温度调整幅度不超过 0.5℃。建议春初、秋末时，使用横向通风方式，其他时间使用纵向通风。

到了炎热的夏季，通风以防暑降温为主，要求舍内温度控制在 32℃以下，建议使用纵向通风方式。通过增大通风量，降低鸡只体感温度。有条件的养殖场（户），建议使用湿帘降温系统，根据不同风速产生的风冷效果，结合舍内实际温度，确定所需要的风速，然后根据所需风速确定风机启动个数。

冬季以防寒保温为主。要求舍内温度控制在 13℃以上，建议采用横向通风方式。在满足鸡只最小呼吸量［计算依据：0.015 米^3/（千克体重·分钟）］的基础上，尽量减少通风量；根据计算的最小通风量，确定风机启动个数和开启时间。

（二）光照管理

合理的光照能刺激排卵，增加产蛋量。生产中应从蛋鸡 20 周龄开始，每周增加光照时间 30 分钟，直到每天达到 16 小时为止，以后每天光照 16 小时，直到产蛋鸡淘汰前 4 周，再把光照时间逐渐增加到 17 小时，直至蛋鸡淘汰。人工补充光照，以每天早晨天亮前效果最好。补充光照时，舍内地面以每平方米 3~5 瓦为宜。灯距地面 2 米左右，最好安装灯罩聚光，灯与灯之间的距离约 3 米，以保证舍内各处得到均匀的光照。

（三）温度管理

产蛋鸡最适宜的温度是 13~23℃，温度过高过低均不利于产蛋。要保持鸡舍有一个适宜的温度，在夏季应注意鸡舍通风，可以加大换气扇的功率，改横向通风为纵向巷道式通风，使流经鸡体的风速加大，带走鸡体产生的热量。如结合喷水洒水，适当降低饲养密度，能更有效地降低舍内的温度。

（四）湿度管理

产蛋鸡最适宜的湿度为 60%~70%，如果舍内湿度过低，就会导致鸡羽毛紊乱，皮肤干燥，羽毛和喙、爪等色泽暗淡，并且极易造成鸡体脱水和引起鸡群的呼吸道疾病。如果舍内温度过高，就会使鸡呼吸时排散到空气中的水分受到限制，鸡体污秽，病菌大量繁殖，易引发各种疾病，引起产蛋量的下降。因此生产中可通过加强通风，雨季采用室内放生石灰块等办法降低舍内湿度；通过空间喷雾提高舍内空气湿度。

五、防疫管理

处于高峰期的鸡群，体质与抗体消耗均比较大，抵抗力随之下降，为各种疾病提供了可乘之机，因此在高峰阶段应严抓防疫关，杜绝烈性传染病的发生，降低条件性疾病发生的概率。

（一）关注抗体水平

制定详细的新城疫、禽流感 H9、H5 抗体监测计划，建议每月监测 1 次，抗体水平低于保护值时，及时补免；推荐 2 个月免疫 1 次新支二联活疫苗，3~5 个月免疫 1 次禽流感灭活疫苗。

（二）产蛋高峰期新城疫疫苗的使用

1. 使用时间

母鸡在开产前 120 天左右，需注射新城疫Ⅰ系苗和新城疫油苗，Ⅰ系苗的毒力相对Ⅱ系、Ⅲ系、Lasota 株、Clone-30 株等较强，生成体液抗体及细胞免疫抗体较高，可抵抗新城疫野毒及强毒的侵袭；新城疫油苗注射后，21 天后可产生稳定的体液免疫抗体，抗体维持时间可达半年以上。

2. 加强免疫

生产实践中，I 系苗的抗体效力能维持两个月左右，之后新城疫黏膜抗体及循环抗体便会逐渐降低，不能抵抗新城疫强毒以及野毒的侵入，此时若群体内抗体不均匀或低下便会发病；所以母鸡在高峰期 180 天左右就必须加强免疫来提高新城疫黏膜抗体水平以及循环抗体水平，最晚不能到 200 天；加强免疫可选用新城疫弱毒苗 Clone-30 株或 V4S 株、VG/GA 株等毒力较弱且提升、均匀抗体能力强的毒株，既能提升抗体，对鸡群反应又较小。

180~200 天免疫后，每隔一个月或一个半月，可根据鸡群状况做加强免疫，鸡群状况可根据蛋壳颜色、鸡冠变化做出判断。

也可以参考下列免疫程序：100~120 日龄用新城疫Ⅳ系疫苗喷雾或点眼、滴鼻，用新城疫灭活苗注射免疫。170~200 日龄用新城疫Ⅳ系或新威灵疫苗喷雾免疫 1 次，以后每隔一个月或一个半月，用新城疫Ⅳ系疫苗或新威灵喷雾免疫 1 次；或根据当地流行病学及抗体监测情况，在 140~150 日龄再用新城疫单联油苗和活苗进行加强免疫，确保鸡群在整个产蛋高峰期维持高的抗体水平，保证鸡群平稳度过产蛋高峰期。

（三）产蛋高峰期的药物预防

加强对产蛋高峰期鸡群的饲养管理，提高机体抗病力。采用高品质饲料，保证营养充足均衡，饮水中添加适量的电解多维。提供适宜的环境条件，舍温应在 14℃以上，防止舍内温度忽高忽低，合理通风，保持一定的湿度。根据天气情况及鸡群状态适量投服药物，控制沙门氏菌、大肠杆菌、支原体、球虫等疾病的发生，使机体保持较好的抗病力。

生产实践中证明，在各种疫苗免疫比较成功的前提下，如果能很好地控制大肠杆菌、沙门氏菌、支原体等细菌性疾病，有利于提高母鸡自身抵抗力，减少禽流感、新城疫、产蛋下降综合征等多种病毒性疾病的发生。

（四）定期驱虫

母鸡在青年期已经驱过两次蛔虫、线虫和多次球虫了，但进入高峰期后，仍应坚持定期驱虫，特别是经过夏天虫卵繁殖迅速季节的鸡，除应注意蛔虫、线虫、球虫外还应注意绦虫的发生；高峰期内，如发现鸡群营养不良或粪便内有白色虫体时，应注意驱虫。可以使用左旋咪唑、吡喹酮、阿维菌素等对产蛋没有影响或影响较小的药物。近年来，产蛋鸡隐性球虫的发生率有所增加，应注意加强预防。

六、应激管理

应激是指鸡群对外界刺激因素所产生的非特异性反应，主要包括停水、停电、免疫、转群、过热、噪声、通风不良等。鸡只处于应激期，将丧失免疫功能、生长与繁殖等非必需代谢基本功能，造成生长缓慢、产蛋量下降、饲料利用率降低等。

1. 制定预案

针对本场的实际情况，制定相应的各种应激事故预防预案，如转群管理应激控制预案，断水、断电控制预案、通风不良控制预案等。

对一些非可控应激因素，如免疫应激、夏季高温应激、转群应激等，建议投喂 0.03% 的维生素 C、维生素 E 或其他抗应激药物。在饲料中添加或饮水投喂电解多维，可以减少和抵抗各种应激。

2. 员工培训

结合实际情况，加强宣传和教育工作，要让每名员工了解应激的危害，进而约束个人行为（如大声喧哗、粗暴饲养等）；同时确保正常生产过程中遇到特殊情况（如转群、断电、免疫）时，员工能按要求进行正确应对，确保鸡群生产稳定。

组织全体人员特别是有关人员认真学习、掌握预案的内容和相关措施。定期组织演练，确保在工作的过程中尽量避免应激的产生，同时对于突发的应激事故，可以有条不紊地开展事故应急处理工作。

七、产蛋高峰期鸡群健康状况的判断

（一）检查鸡冠，判断鸡群健康状况

鸡冠是鸡的第二性征，鸡冠的发育良好与否，与鸡群本身健康状

况有很大关系；鸡冠正常呈鲜红色，手捏质地饱满且挺直；鸡进入产蛋期后，由于营养物质的流失，特别是高产鸡，鸡冠都不同程度的有些发白和倾斜，这些是营养供应不足的表现；因为鸡冠是鸡的身体外缘，营养不足时它表现的最敏感；如鸡冠顶端发紫或深蓝色，则见于高热疾病，如新城疫、禽流感、鸡霍乱等；如见鸡冠上面有黑色坏死点，除鸡痘和蚊虫叮咬外，应考虑禽流感、非典型新城疫或鸡白痢等；如果鸡冠苍白、萎缩或颜色淡黄，手捏质地发软，则常见于禽流感、非典型新城疫、产蛋下降综合征、变异性传支；如果鸡冠萎缩的特别严重，那么输卵管也会萎缩；如鸡冠表面颜色淡黄且上面挂满石灰样白霜，则见于产蛋鸡白痢、大肠杆菌等细菌性疾病；如鸡冠整个呈蓝紫色，且鸡冠发软，上面布满石灰样白霜，则基本丧失生产性能，属淘汰之列。

（二）观察蛋壳质量和颜色，判断鸡群健康状况

正常蛋壳表面均匀，呈褐色或褐白色。异常蛋壳的出现，如软壳蛋、薄壳蛋，多为缺乏维生素 D_3 或饲料中钙含量不足所致；蛋壳粗糙，多是饲料中钙、磷比例不当，或钙质过多引起，若蛋壳为异常的白壳或黄壳，则是大量使用四环素或某些带黄色易沉淀的物质所致；蛋壳由棕色变白色，应怀疑某些药物使用过多，或鸡患新城疫或传染性喉气管炎等传染病。

（三）观察鸡群外表，判断鸡群健康状况

正常的高产鸡鸡冠会随产蛋日期增长而微有发白，脸部呈红白色，嘴部变白，脚部逐渐由黄变白；肛门扁圆形湿润，摸裆部有四指或三指，腹部柔软，如出现裆部少于二指的鸡应挑选出来；如产蛋高峰期的鸡，鸡冠、脸鲜红色，鸡冠挺直，羽毛鲜亮，腿部发黄，则为母鸡雄性化的表现，不是高产鸡，应挑选、淘汰；如鸡群中有鸡精神沉郁，眼睛似睁似闭，则应挑出，单独饲养。

观察鸡群羽毛发育情况，如果鸡群头顶脱毛，且脚趾开裂，则为缺乏泛酸（维生素 B_3）的症状；如脚趾开裂且整个腿部跗关节以下鳞片角化严重，则为锌缺乏症状，应及时补充。

（四）观察产蛋情况，判断鸡群健康状况

1. 看产蛋量

产蛋高峰期的蛋鸡，产蛋量有大小日，产量略有差异是正常的。但若波动较大，说明鸡群不健康；突然下降 20%，可能是受惊吓、高温环境或缺水所引起，下降 40%~50%，则应考虑蛋鸡是否患有减蛋综合征或饲料中毒等。

2. 看蛋白

蛋白变粉红色，则是饲料中棉籽饼分量过高，或饮水中铁离子偏高的缘故。蛋白稀薄是使用磺胺药或某些驱虫药的结果。蛋白有异味是对鱼粉的吸收利用不良。蛋白有血斑、肉斑，多为输卵管发炎，分泌过多黏液与少量血色素混合的产物。蛋白内有芝麻状大小的圆点或较大片块，是蛋鸡患前殖吸虫病。

3. 看产蛋时间

70%~80% 的蛋鸡多在中午 12 时前产蛋，余下 20%~30% 于下午 2—4 时前产完。如果发现鸡群产蛋时间参差不齐，甚至有夜间产蛋，均属异常表现，说明鸡群中已有鸡只发病。

八、蛋鸡无产蛋高峰的主要原因

（一）饲养管理方面

1. 饲养密度太大

由于受资金、场地、设备等因素的限制，或者饲养者片面追求饲养规模，养殖户育雏、育成的密度普遍偏高，直接影响育雏、育成鸡的质量。

2. 通风不良

育雏早期为了保暖，门窗均封得很严，舍内的空气极为污浊，雏鸡生长在这样的环境中，流泪、打喷嚏、患关节炎等，处于一种疾病状态，严重影响生长发育，鸡的质量难以达标。

3. 饲槽、饮水器有效位置不够，致使鸡群均匀度差

由于育雏的有效空间严重不足，早期料桶、饮水器的数量难以满足需求，造成鸡群均匀度差。

4. 同一鸡舍进入不同批次的鸡

个别养殖场（户），在同一鸡舍装入不同日龄的鸡群，由于不同的饲养管理，不同的疫病防治措施，不同的光照制度等因素，也是造成整栋鸡舍鸡产蛋不见高峰的原因之一。

5. 开产前体成熟与性成熟不同步

一般分为两种情况，一种是见蛋日龄相对偏早，产蛋率攀升的时间很长，表现为产蛋高峰上不去，高峰持续时间短，蛋重轻，死亡淘汰率高。另一种是见蛋日龄偏迟，全期耗料量增加，料蛋比高。

6. 产蛋阶段光照不稳定或强度不够

实践证明，蛋鸡每天有 14~15 小时的光照就能满足产蛋高峰期的需求。补光时一定要按时开关灯，否则就会扰乱蛋鸡对光刺激形成的反应。电灯应安装在离地面 1.8~2 米的高度，灯与灯之间的距离相等，40 瓦灯泡，补充光照只宜逐渐延长，在进入高峰期时，光照要保持相对稳定，强度要适合。

7. 产蛋高峰期安排不合理

蛋鸡的产蛋高峰期在 25~35 周龄，这一时期蛋鸡产蛋生理机能最旺盛，必须有效利用这一宝贵的时期。若在早春育雏，鸡群产蛋高峰期就在夏季。由于天气炎热，鸡采食减少，多数鸡场防暑降温措施不得力，或者虽有一定的措施，但也很难达到鸡产蛋时期最适宜的温度。

（二）饲料质量问题

目前市场上销售的饲料由于生产地区、单位和批次的不同，其质量也参差不齐，存在掺杂使假或有效成分含量不足的问题。再者，同一种料，养不同品种、不同羽色、不同体型的鸡，难以适合鸡群对代谢能、粗蛋白质、氨基酸、钙、磷的需求。质量差的饲料，代谢能偏低，粗蛋白质水平相对不低，但杂粕的比例偏高，饲料的利用率会存在很大的差异，养殖户大多不注意这一点，不从总耗料、体增重、死淘率、产蛋量、料蛋比、淘汰鸡的体重诸方面算总账，而是片面的盲从于某种饲料的价格。

（三）疾病侵扰

传染病早期发病造成生殖系统永久性损害（如传染性支气管炎），

使鸡群产蛋难以达到高峰。

蛋鸡见蛋至产蛋高峰上升期相当关键，大肠杆菌病、慢性呼吸道病最易发生，经常造成卵黄性腹膜炎、生殖系统炎症而使产蛋率上升停滞或缓慢，甚至下降。

第六节　产蛋后期的饲养管理

一、产蛋后期鸡群的特点

当鸡群产蛋率由高峰降至 80% 以下时，就转入了产蛋后期（48 周至淘汰）的管理阶段。这个阶段，鸡群的生理特点如下。

（1）鸡群产蛋性能逐渐下降，蛋壳逐渐变薄，破损率逐渐增加。

（2）鸡群产蛋所需的营养逐渐减少，多余的营养有可能变成脂肪使鸡变肥。

（3）由于产蛋后期抗体水平逐渐下降，对疾病抵抗力也逐渐减弱，并且对各种应激比较敏感。

（4）部分寡产鸡开始换羽。

产蛋后期（48 周至淘汰）是鸡群生产性能平稳下降的阶段，这个阶段鸡只体重几乎没有变化，但是蛋重增大、蛋壳质量变差，且脂肪沉积，易患输卵管炎、肠炎。然而整个产蛋后期占到了产蛋期接近 50% 的比例，且部分养殖户在 500 多日龄淘汰时，产蛋率仍维持在 70% 以上的水平，所以产蛋后期生产性能的发挥直接影响养殖户的收益水平。

这些现象出现的早晚，与高峰期和高峰期前的管理有直接关系。因此应对日粮中的营养水平加以调整，以适应鸡的营养需求并减少饲料浪费，降低饲料成本。

二、产蛋后期鸡群的管理要点

（一）饲料营养调整

1. 适当降低日粮营养浓度

适当降低日粮营养浓度，防止鸡只过肥造成产蛋性能快速下降，加大杂粕类原料的使用比例。若鸡群产蛋率高于80%，可以继续使用产蛋鸡高峰期饲料；若产蛋率低于80%，则应使用产蛋后期料。喂料时，实施少喂、勤添、勤匀料的原则。料线不超过料槽的1/3；加强匀料环节，保证每天至少匀料3遍，分别在早、中、晚进行。

2. 增加日粮中钙的含量

产蛋高峰期过后，蛋壳品质往往很差，破蛋率增加，在每日下午3—4时，在饲料中额外添加贝壳沙或粗粒石灰石，可以加强夜间形成蛋壳的强度，有效地改变蛋壳品质。添加维生素D_3能促进钙磷的吸收。

后期饲料中钙的含量42~62周龄为3.60%，63周龄后为3.80%。贝壳、石粉和磷酸氢钙是良好的钙来源，但要适当搭配，有的石粉含钙量较低，有的磷酸氢钙含氟量较高，要注意氟中毒。如全用石粉则会影响饲料的适口性，进而影响食欲，在实践中贝壳粉添2/3，石粉添1/3，不但蛋壳强度最好，而且很经济。大多数母鸡都是夜间形成蛋壳，第2天上午产蛋。在夜间形成蛋壳期间母鸡感到缺钙，如下午供给充足的钙，让母鸡自由采食，它们能自行调节采食量。在蛋壳形成期间吃钙量为正常情况下的92%，而非形成蛋壳期间仅为86%。因此下午3—4时是补钙的黄金时间，对于蛋壳质量差的鸡群每100只鸡每日下午可补充500克贝壳或石粉，让鸡群自由采用。

3. 产蛋后期体重监测

轻型蛋鸡（白壳）产蛋后期一般不必限饲。中型蛋鸡（褐壳）为防止产蛋后期过肥，可进行限饲，但限饲的最大量为采食量的6%~7%。限饲要在充分了解鸡群状况的条件下进行，每周监测鸡群体重，称重结果与所饲养的品种标准体重进行对比，体重超重了再进行限饲，直到体重达标。观测肥鸡、瘦鸡的比例，调整饲喂计划，及时淘汰寡产鸡。

在饲料中添加0.1%~0.15%的氯化胆碱，可以有效防止产蛋高峰期过后鸡体肥胖和产生脂肪肝。

（二）加强日常管理

严格执行日常管理操作规范，特别是要防止鸡只因过度采食变肥而影响后期产蛋。

1. 控制好适宜的环境

环境的适宜与稳定是产蛋后期饲养管理的关键点。如温度要保持稳定，鸡群适宜的温度是 13~24℃，产蛋的适宜温度是 18~24℃。保持 55%~65% 的相对湿度和新鲜清洁的空气。注意擦拭灯泡，确保光照强度维持在 10~20 勒克斯，严禁降低光照强度、缩短光照时间和随意改变开关灯时间。

2. 加强鸡群管理，减少应激

及时检修鸡笼设备，鸡笼破损处及时修补，减少鸡蛋的破损；防止惊群引起的产软壳蛋、薄壳蛋现象。经常观察鸡群的采食、饮水、呼吸、精神和产蛋等情况，发现问题及时解决。做好生产记录，便于总结经验、查找不足。

随着鸡龄的增加，蛋鸡对应激因素越来越敏感。要保持鸡舍管理人员的相对稳定，提高对鸡群管理的重视程度，尽量避免陌生人或其他动物闯入鸡舍，避免停电、停水、称重等应激因素的出现。

3. 及时剔除弱鸡、寡产鸡

饲养蛋鸡的目的是得到鸡蛋。如果鸡不再产蛋应及时剔除，以减少饲料浪费，降低饲料费用。同时部分寡产鸡是因病休产的，这些病鸡更应及时剔除，以防疾病扩散，一般每 2~4 周检查淘汰一次。可从以下几个方面，挑出病弱、寡产鸡。

（1）看羽毛。产蛋鸡羽毛较陈旧，但不蓬乱，病弱鸡羽毛蓬乱，寡产鸡羽毛脱落，正在换羽或已提前换完羽。

（2）看冠、肉垂。产蛋鸡冠、肉垂大而红润，病弱鸡苍白或萎缩，寡产鸡已萎缩。

（3）看粪便。产蛋母鸡排粪多而松散，呈黑褐色，顶部有白色尿酸盐沉积或呈棕色（由盲肠排出），病鸡有下痢且颜色不正常，寡产鸡粪便较硬，呈条状。

（4）看耻骨。产蛋母鸡耻骨间距（竖裆）在 3 指（35 毫米）以上，耻骨与龙骨间距（横裆）4 指以上。

（5）看腹部。产蛋鸡腹部松软适宜，不过分膨大或缩小。有淋巴白血病、腹腔积水或卵黄性腹膜炎的病鸡，腹部膨大且腹内可能有坚硬的疙瘩，寡产鸡腹部狭窄收缩。

（6）看肛门。产蛋鸡肛门大而丰满，湿润，呈椭圆形。寡产鸡肛门小而皱缩，干燥，呈圆形。寡产鸡的体质、肤色、精神、采食、粪便、羽毛状况与高产鸡不一样。

4. 减少破损，提高蛋的商品率

鸡蛋的破损给蛋鸡生产带来相当严重的损失，特别是产蛋后期更加严重。

（1）造成产蛋后期鸡蛋破损的主要因素。

① 遗传因素。蛋壳强度受遗传影响，一般褐壳蛋比白壳蛋蛋壳强度高，破损率低，产蛋多的鸡比产蛋少的鸡破损率高。

② 年龄因素。鸡开产后随鸡的年龄增长，蛋逐渐增大，随着蛋的增大，其表面积也增大，蛋壳因而变薄，蛋壳强度降低，蛋易破损，后期破损率高于全程平均数。

③ 气温和季节的影响。高温与采食量、体内的各种平衡、体质有直接的关系；从而影响蛋壳质量，导致强度下降。

④ 某些营养不足或缺乏。如果日粮中的维生素 D_3、钙、磷和锰有一种不足或缺乏时，都会导致蛋壳质量变差而容易破损。

⑤ 疾病。鸡群患有传染性支气管炎、减蛋综合征、新城疫等疾病之后，蛋壳质量下降，软壳、薄壳、畸形蛋增多。

⑥ 鸡笼设备。当笼底网损坏时，易刮破鸡蛋，收蛋网角度过大时，鸡蛋易滚出集蛋槽摔破；角度较小时，鸡蛋滚不出笼易被鸡踩破。鸡笼安装不合理也易引起蛋被鸡啄食。每天拣蛋次数过少，常使先产的蛋与后产的蛋在笼中相互碰撞而破损。

（2）减少产蛋后期破损蛋的措施。

① 查清引起破损蛋的原因。查清引起破损蛋的原因，掌握本场破损蛋的正常规律。发现蛋的破损率偏高时，要及时查出原因，以便尽快采取措施。

② 保证饲料营养水平。

③ 加强防疫工作，预防疾病流行。对鸡群定期进行抗体水平监测，抗体效价低时应及时补种疫苗。尽量避免场外无关人员进入场区。及时淘汰专下破蛋的母鸡。

④ 及时检修鸡笼设备。鸡笼破损处及时修补，底网角度在安装

时要认真按要求放置。

⑤ 及时收拣产出的蛋。每天拣蛋次数应不少于2次，拣出的蛋分类放置并及时送入蛋库。

⑥ 防止惊群。每天工作按程序进行，工作时要细心，尽量防止惊群引起的产软壳蛋、薄壳蛋现象。

5. 做好防疫管理工作

（1）卫生管理。严格按照每周卫生清扫计划打扫舍内卫生。进入产蛋后期，必须保证舍内环境卫生及饮水的清洁卫生，避免条件性疾病的发生。饮水管或者饮水槽每1~2周消毒1次（可用过氧乙酸溶液或高锰酸钾溶液）。

（2）根据抗体水平的变化实施免疫。有抗体检测条件的根据抗体水平的变化实施免疫新城疫和禽流感疫苗；没有抗体检测条件的，新城疫每2个月免疫一次，禽流感每3~4个月免疫一次油苗。

（3）预防坏死性肠炎、脂肪肝等病的发生。夏季是肠炎的高发季节，除做好日常的饲养管理外，可在饲料中添加5~15毫克/千克安来霉素来预防；要做好疾病的预防与治疗。防止霉菌毒素、球虫感染损伤消化道黏膜而引起发病；保护肠道黏膜，减少预防性用药次数，增加用药间隔时间。

第七节　产蛋鸡异常情况的处置

一、产蛋量突然下降的处置

一般鸡群产蛋都有一定的规律，即开产后几周即可达到产蛋高峰，持续一段时间后，则开始缓慢下降，这种趋势一直持续到产蛋结束。若产蛋鸡改变这一趋势，产蛋率出现突然下降，此时就要及时进行全面检查生产情况，通过分析找出原因，并采取相应的措施。

（一）产蛋量突然下降的原因

1. 气候影响

（1）季节的变换。尤其是在我国北方地区四季分明，季节变化时，温差变化较大。若鸡舍保温效果不理想，将会对产蛋鸡群产生较大的应激影响，导致鸡群的产蛋量突然下降。

（2）灾害性天气影响。如鸡群突然遭受到突发的灾害性天气的袭击，如热浪、寒流、暴风雨雪等。

2. 饲养管理不善

（1）停水或断料。如连续几天鸡群喂料不足、断水，都将导致鸡群产蛋量突然下降。

（2）营养不足或骤变。饲料中蛋白质、维生素、矿物质等成分含量不足，配合比例不当等，都会引起产蛋量下降。

（3）应激影响。鸡舍内发生异常的声音，鼠、猫、鸟等小动物窜入鸡舍，以及管理人员捉鸡、清扫粪便等都可引起鸡群突然受惊，造成鸡群应激反应。

（4）光照失控。鸡舍发生突然停电，光照时间缩短，光照强度减弱，光照时间忽长忽短，照明开关忽开忽关等，这些都不利于鸡群的正常产蛋。

（5）舍内通风不畅。采用机械通风的鸡舍，在炎热夏天出现长时间的停电；冬天为了保持鸡舍温度而长时间不进行通风，鸡舍内的空气污浊等都会影响鸡群的正常产蛋。

3. 疾病因素

鸡群感染急性传染病，如鸡新城疫、传染性支气管炎、传染性喉气管炎及产蛋下降综合征等都会影响鸡群正常产蛋。此外，在蛋鸡产蛋期间接种疫苗，投入过多的药物，会产生毒副作用，也可引起鸡群产蛋量下降。

（二）预防措施

1. 减少应激

在季节变换、天气异常时，应及时调节鸡舍的温度和改善通风条件。在饲料中添加一定量的维生素，可减缓鸡群的应激。

2. 科学光照

产蛋期间应严格遵循科学的光照制度，避免不规律的光照，产蛋期间，光照时间每天为14~16小时。

3. 经常检修饮水系统

应做到经常检查饮水系统，发现漏水或堵塞现象应及时进行维修。

4. 合理供料

应选择安全可靠、品质稳定的配合饲料，日粮中要求有足量的蛋白质、蛋氨酸和适当维生素及磷、钠等矿物质。同时要避免突然更换饲料。如必须更换，应当采取逐渐过渡换料法，即先更换1/3，再换1/2，然后换2/3，直到全部换完。全部过程以5~7天为宜。

5. 做好预防、消毒、卫生工作

接种疫苗应在鸡的育雏及育成期进行，产蛋期也不要投喂对产蛋有影响的药物。及时进行打扫和清理工作，以保证鸡舍卫生状况良好。每周内进行1~2次常规消毒，如有疫情要每天消毒1~2次。选择适当的消毒剂对鸡舍顶棚、墙壁、地面及用具等进行喷雾消毒。

6. 科学喂料

固定喂料次数，按时喂料，不要突然减少喂量或限饲，同时应根据季节变化来调整喂料量。

7. 搞好鸡舍内温度、湿度及通风换气等管理

通常鸡舍内的适宜温度为5~25℃，相对湿度控制在55%~65%。同时应保持鸡舍内空气新鲜，在无检测仪器的条件下以人进鸡舍感觉不刺眼、不流泪、无过臭气味为宜。

8. 注意日常观察

注意观察鸡群的采食、粪便、羽毛、鸡冠、呼吸等状况，发现问题，应做到及时治疗。

二、推迟开产和产蛋高峰不达标的处置

（一）原因探析

1. 鸡群发育不良、均匀度太差

主要表现在以下几方面。

（1）胫骨长度不够。胫骨长度是产蛋鸡是否达到生产要求的最重要指标之一，但有很多养鸡场（户）在饲养过程中不知这一指标，因过分强调成本而不按要求饲喂合格的全价饲料，造成饲料营养不达标；忽视育雏期管理，造成雏鸡8周龄前胫长（褐壳蛋鸡要求8周龄胫长82毫米）不达标；有些饲养户育雏、育成期鸡舍面积狭小致

使密度过大，造成胫骨长度不能达标。蛋鸡8周龄的胫骨长度十分重要，有8周定终身之说；因上述因素造成到20周龄开产时，鸡群中相当数量的鸡胫骨长度不到100毫米，甚至不足90毫米。褐壳蛋鸡正常胫长应达到105毫米。

（2）体重不达标，均匀度太差。均匀度差的鸡群，其产蛋高峰往往后延2~3周至开产后9~10周才出现。实践证明，鸡群均匀度每增减3%，每只鸡年平均产蛋数相应增减4枚，若90%和70%均匀度的鸡群相比，仅此产蛋相差20多枚，且均匀度差的鸡群死亡率和残次率高，产蛋高峰不理想，维持时间短，总体效益差。

（3）性成熟不良。因性成熟不一致导致群体中产生不同的个体生产模式，群体中个体鸡只产蛋高峰不同，所以产蛋高峰不突出，而且维持时间短，其产蛋率曲线也较平缓。

有上述情况的鸡群，鸡冠苍白，体重轻，羽毛缺乏光泽，营养不良；有些为“小胖墩”体型。鸡群产蛋推迟，产蛋初期软壳蛋、白壳蛋、畸形蛋增多；产蛋上升缓慢，脱肛鸡多；容易出现拉稀。剖检可见内脏器官狭小，弹性降低，卵泡发育迟缓，无高产鸡特有的内在体质。

2. 肾型传染性支气管炎后遗症

在3周内患过肾型传染性支气管炎的雏鸡，会造成成年后“大肚鸡”显著增加。由于其卵泡发育不受影响，开产后成熟卵泡不能正常产出，掉入腹腔，引起严重的卵黄性腹膜炎和出现反射性的雄性激素分泌增加，使鸡群出现鸡冠红润、厚实等征候，导致大量“假母鸡”寡产或低产，经济损失严重。雏鸡使用过肾传支疫苗的鸡群或3周以上发病的雏鸡的肾传支后遗症明显好于未使用疫苗和3周内发病的雏鸡，即肾传支后遗症与是否免疫疫苗和雏鸡发病日龄直接相关。实践证明，如在1~3周龄发生肾传支，造成输卵管破坏，形成“假母鸡”比例较高，可使母鸡成年后产蛋率降低10%~20%；若于4~10周龄发生肾传支，形成的“假母鸡”将会减少，可使鸡群成年后产蛋降低7%~8%；若于12~15周龄发生肾传支，鸡群成年后产蛋率降低5%左右；产蛋鸡群患传染性支气管炎后，也会造成产蛋下降，但一般不超过10%，而且病逾后可以恢复到接近原产蛋水平，并且很少形成

"假母鸡"。

剖检：输卵管狭小、断裂、水肿。有的输卵管膨大，积水达1200克以上，成为"大肚鸡"。最终因卵黄性腹膜炎导致死亡。

3. 传染性鼻炎、肿瘤病的影响

开产前患有慢性传染性鼻炎的鸡群，开产时间明显推迟，产蛋高峰上升缓慢。患有肿瘤病（马立克病、鸡白血病、网状内皮组织增生症）的鸡群，会出现冠苍白、皱缩，消瘦，长期拉稀，体内脏器肿瘤等症状，致使鸡群体质降低，无法按期开产或产蛋达不到高峰。

4. 使用劣质饲料和长期滥用药物

有些养鸡场（户）认为，后备鸡是"吊架子"，只要将鸡喂饱即可，往往不重视饲料质量、饲养密度等，造成后备鸡群发育不良。有些养鸡场（户）长期过度用药或滥用药物，甚至使用抑制卵巢发育或严重影响蛋鸡生产的药物，如氨基比林、安乃近、地塞米松、强的松等，造成鸡群不产蛋或产蛋高峰无法达到。

5. 雏鸡质量问题

因种鸡阶段性疾病问题或其他原因导致商品雏鸡先天不足，鸡群发育不良，成年后产蛋性能不佳。

6. 其他因素

蛋鸡每笼应装3只而装了4只，断喙不合理或不整齐，光照不合理，乳头供水压力太低造成鸡群饮水不足，通风效果太差等管理因素，均可造成蛋鸡推迟开产或产蛋高峰达不到要求。

（二）处置措施

1. 科学管理，全价营养

为使鸡群达到或接近标准体重，一般采用1~42日龄饲喂高营养饲料（有的饲养户于1~14日龄使用全价肉小鸡颗粒料，15~42日龄使用蛋小鸡颗粒料），并定期测量胫骨长度、称重，根据育雏育成鸡胫骨长度和体重决定最终换料时间，两项指标不达标可延长高营养饲料的饲喂时间。雏鸡因疫苗接种、断喙、转群、疾病等应激较多时，会影响鸡群正常发育，建议鸡群体重略高于推荐标准制订饲养方案为好。在日常饲养过程中，要结合疫苗接种、称重等及时调群，对发育滞后的鸡只加强饲养，保证好的体重和均匀度。雏鸡8周龄时的各项身体指标，基本决定成年后的生产水平，是整个饲养过程的重中之重，因此，有 8 周定终身之说。

2. 提倡高温育雏，减少昼夜温差，杜绝肾型传染性支气管炎的发生

肾传支流行地区，要杜绝肾传支发生，重在鸡舍温度和温差的科学控制，如 1 日龄鸡舍温度 35℃以上，然后随日龄增大逐渐降低温度，并确保昼夜温差不超 3℃，基本可以杜绝肾传支的暴发。与此同时，尽管肾型传染性支气管炎变异株多，疫苗难以匹配，但尽量选择保护率高的疫苗，进行 1 日龄首免、10 日龄强化免疫等科学合理的免疫程序，会极大地降低肾传支的发病率。

3. 加强对传染性鼻炎、肿瘤病的防控

做好传染性鼻炎的疫苗免疫，若有慢性传染性鼻炎存在，要及时治疗。

4. 优化进鸡渠道

杜绝因雏鸡质量先天缺陷导致的生产成绩损失。

5. 合理用药

杜绝过度用药和滥用药物，特别防止使用抑制卵巢发育、破坏生殖功能、干扰蛋鸡排卵等影响鸡生理发育和产蛋的药物或添加剂。

三、啄癖的处置

大群养鸡，特别是高密度饲养，往往会出现鸡相互啄羽、啄肛、啄趾、啄蛋等恶癖。在开产前后，经常会发生啄肛。啄癖会导致鸡着羽不良，体热散失，采食量增加和饲料转化率降低。在肉用仔鸡中，互啄可导致肉仔鸡皮炎及组织损伤，严重还可导致死亡，造成大量的经济损失。

（一）啄斗与啄癖的信号

蛋鸡的啄斗分 2 种类型：攻击性啄斗和啄癖。鸡对于每种类型的啄斗都有不同的信号，为了采取恰当的措施，需要识别这些信号。啄羽经常被描述为攻击性行为，但是攻击性啄斗是正常行为，仅在鸡笼养时啄羽才可能是正常行为（表 3–10）。

表 3-10 攻击性啄斗和啄羽的区别

攻击性啄斗	啄羽
目标是鸡头	目标不仅是鸡头，而是整个身体
目标是群体等级较低的鸡	目标是正在安静采食或者是正在洗沙浴的鸡
羽毛有时被拔出，但是从来不被吃掉	被拔出来的羽毛经常被吃掉
频繁发生是鸡福利降低的信号	这种行为说明鸡的健康出现了问题

1. 羽毛消失

鸡每天都有羽毛掉落到地面上。如果羽毛从地面上消失，说明羽毛被鸡吃掉。这是鸡群出现问题的信号（图 3-2）。

2. 鸡群中其他鸡对死鸡或受伤鸡表现出特有的兴趣（图 3-3）

这也是鸡出现啄癖的重要信号。因此，应当把死鸡和受伤鸡及时清理掉。

图 3-2 羽毛从地面上消失

图 3-3 受伤鸡成为相残的共同目标

（二）啄癖的类型

1. 啄羽

这是最常见的互啄类型，指鸡啄食其他鸡的羽毛，特别易啄食背部尾尖的羽毛，有时拔出并吞食（图 3-4）。主要是进攻性的鸡啄怯弱的鸡，羽毛脱落并导致组织出血，诱发啄食组织使鸡受伤被淘汰或死亡。有时，互啄羽毛或啄脱落的羽毛，啄的皮肉暴露出血后，可发展为啄肉癖（图 3-5）。

图 3-4　乌鸡的啄羽癖

图 3-5　啄肉癖

啄羽不利于鸡的福利和饲养成本，啄羽后形成的"裸鸡"（图 3-6）需要多采食 20% 的饲料来保暖。有资料显示，每减少 10% 的羽毛，鸡每天需要多采食 4 克的饲料。好动或者户外散养的"裸鸡"需要更多的饲料。

在育成鸡群中的啄羽常被低估。在成年鸡身上，经常可以看到光秃的区域，但是，对于成年鸡，只能在鸡后背观察到一些覆羽，可以通过突出的绒羽与浓密的尾羽来识别。褐壳蛋鸡比白壳蛋鸡明显，因为白色的绒羽在褐色覆羽的下面。真正的光秃区域在育成阶段比较少见，如果 16 周龄时有 20% 的母鸡的绒羽可以看见，到 30 周龄时，鸡群中的大部分鸡会出现光秃区域。

2. 啄肛

常见于高产小母鸡群，往往始于鸡尾连接处，继续啄食直到出血。对于小母鸡，通常在小母鸡开始产蛋几天后发生，大概与其体内的激素变化有关，产蛋后子宫脱垂或产大蛋使肛门撕裂，导致啄肛（图 3-7）。

图 3-6　啄羽后形成的"裸鸡"

图 3-7　啄肛

啄羽和啄肛相残是鸡福利降低的主要信号，啄羽导致采食量增加，啄肛相残导致损失。一旦啄羽和啄肛相残在鸡群中发生，很难被消除，因此预防是主要的手段。啄羽首先发生在鸡后背和尾基部，“裸鸡”更容易造成损伤和感染。相残是指啄食其他死鸡或活鸡的皮肤、组织或器官，泄殖腔区域和腹部器官是鸡倾向于啄食的主要部位。

3. 啄蛋

主要是饲养管理不当造成，钙、磷不足等因素亦会导致啄蛋癖。

4. 啄趾

常见于家养小鸡，因饥饿导致。小鸡会因料槽太高而无法采食。胆小的鸡因害怕进攻性强的鸡而无法接近食物，会导致啄趾。采食拥挤或小鸡找不着食物会啄自己的或相邻鸡的脚趾。

（三）啄癖发生的原因

1. 无聊的生活环境

鸡的天性喜欢在地上觅食，如果地面上没有它们感兴趣的东西，如饲料、垫料，将寻找可供它们啄食的东西。

2. 啄羽发生的原因

育成阶段缺乏垫料；日粮中缺乏纤维素、矿物质或氨基酸；被红螨引起的慢性胃肠道刺激；鸡舍环境差，明亮的日光；烦躁和应激；太强的光照强度结合上述原因之一。

3. 啄肛相残发生的原因

母鸡产蛋时，部分泄殖腔同时翻出。有大量腹脂的母鸡产蛋时把泄殖腔翻出更多一些；产窝外蛋的鸡翻出泄殖腔，容易被其他鸡啄肛；产蛋箱中的光线太强，产蛋时泄殖腔翻出，成为啄肛的目标；饲料中缺乏营养（蛋白质、维生素或矿物质）；受伤鸡成为相残的目标；鸡群整齐度差，体重太轻的鸡是首先的受害者。

（四）啄癖的预防

1. 适时断喙

（1）断喙前。

① 时间恰当。雏鸡断喙可在1~12周龄进行，但最晚不能超过14周龄。对蛋用型鸡来说，最佳断喙时间是6~10日龄。炎热的夏

季，应尽量选择在凉爽的时间切缘。

② 用具合适。用于断喙的工具，主要有感应式电烙铁、剪子与烙铁，最合适的工具首选电热式断喙器（图 3-8），方便、实用，但要注意调节好孔径，6~10 日龄使用 4.4 毫米孔径，10 日龄以上，使用 4.8 毫米孔径。

图 3-8　用电热式断喙器给肉雏鸡断喙

③ 减少应激。为减少应激，加快血液凝固，断喙前 3~5 天，应在饮水中添加 0.1% 维生素 C 及适量抗生素，每千克饲料中添加 2 毫克维生素 K。同时，断喙应与接种疫苗、转群等工作错开，避免给雏鸡造成大的刺激。

④ 器械消毒。断喙器在使用前，必须认真清洗消毒，防止断喙时造成交叉感染。

（2）断喙时。

① 适当训练。参加断喙的工作人员，一定要认真负责、耐心细致。对于断喙的操作程序，要进行适当的训练、安排和调节，让抓鸡、送鸡、断喙形成流畅的程序。

② 动作轻柔。捉拿雏鸡时，不能粗暴操作，防止造成损伤。断喙时，左手抓住雏鸡的腿部，右手将雏鸡握在手心中，大拇指顶住鸡头后部，食指置于雏鸡的喉部，轻压雏鸡喉部使其缩回舌头，将关闭的喙部插入断喙器孔，当雏鸡喙部碰到触发器后，热刀片就会自动落下将喙切断。

③ 操作准确。断喙时，要求上喙切除 1/2，下喙切除 1/3（图

3-9、图 3-10）。但一般情况下，对 6~10 日龄的雏鸡，多采用直切法，较大日龄的雏鸡，则采用上喙斜切、下喙直切法，直切、斜切都可通过控制雏鸡头部位置达到目的。断喙后，喙的断面应与刀片接触 2 秒钟，以达到灼烧止血的目的。

图 3-9　断喙效果

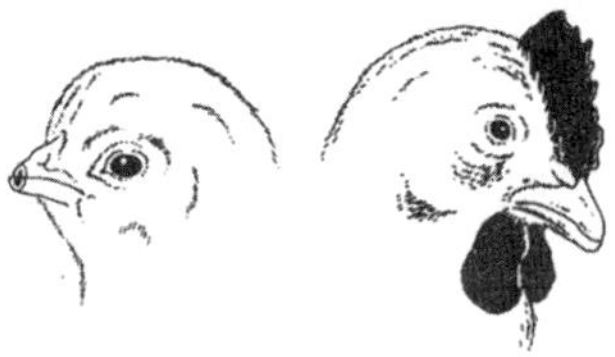

图 3-10　精确断喙示意

④ 避免伤害。主要注意 4 点：一是不要烙伤雏鸡的眼睛，二是不要切断雏鸡的舌头，三是不要切偏、压劈喙部，四是断喙达到一定数量后应更换刀片。

（3）断喙后。

① 注意观察。断喙后要保持环境安静，注意观察鸡群，发现有雏鸡喙部流血时，应重新烧烙止血。

② 防止感染。断喙容易诱发呼吸道疾病，故断喙后应在饮水中加入适量抗生素进行预防，可选用青霉素、链霉素、庆大霉素等，平均每只雏鸡 1 万单位，连续给药 3~5 天。也可饮用 0.01% 高锰酸钾溶液，连用 2~3 天。

③ 加强管理。断喙后要立即给水。断喙造成的伤口，会使雏鸡产生疼痛感，采食时碰到较硬的料槽底上，更容易引发疼痛。因此，断喙后的 2~3 天内，要在料槽中增加一些饲料，防止缘部触及料槽底部碰疼切口。

④ 及时修整。12 周龄左右，要对第一次断喙不成功或重新长出的喙，进行第二次切除或修整。

2. 移出被啄的鸡

把被啄的鸡移走，在鸡身上喷洒一些难闻的物质，如机油、煤油等，使其他的鸡不愿再啄它，这是最简单的办法。如果不快速有效地干涉，啄羽将发展成一个严重的问题。

3. 饲养密度

这是许多啄羽的主要诱因，建议土鸡、黄杂鸡、蛋鸡在 0~4 周龄，每平方米最多不能超过 50 只，5~8 周龄每平方米不能超过 30 只，9~18 周龄每平方米不能超过 15 只，18 周龄上产蛋鸡笼养，应按笼养规格饲养密度。

4. 通风性

氨气浓度过高首先会引起呼吸系统的病症，导致鸡体不适，诱发其他病症，包括互啄。当鸡舍中氨气浓度达 15 毫克 / 千克时，就有较轻的刺鼻气味；当鸡舍中氨气浓度达到 30 毫克 / 千克时，就有较浓的刺鼻刺眼气味；当鸡舍中氨气浓度达到 50 毫克 / 千克时，会发现鸡只咳嗽、流泪、结膜发炎等症状。鸡舍的氨气浓度以不超过 20 毫克 / 千克为宜。

5. 光照强度

光照强度过强也是互啄的重要诱因，昏暗的光线可以降低啄羽和啄肛。鸡舍内光照变暗，可以使鸡变得不活跃。第 1 周鸡舍可以有 40~60 勒克斯的光照强度，产蛋期的光照强度也可达 20~25 勒克斯。其他时间不要超过 20 勒克斯的光照强度，简言之，如果灯泡离地面 2 米，灯距间隔 3 米，灯泡的功率不能超过 25 瓦 / 个。

尽管不知道确切的原因，但是红光可以控制啄肛。红光降低光照强度，同时降低鸡的活跃性。然而，红光和稳定的光照强度也可以使鸡变得更加具有攻击性。

6. 营养因素

在配方设计方面，为了迎合销售的需要与成本的限制，许多人已习惯做玉米—豆粕型日粮，蛋白质原料只有豆粕。据有关资料记载，如果一直使用豆粕作蛋白源，会导致鸡体内性激素（雌酮）的变化，引起啄斗，在配方中可以 2%~3% 的鱼粉加上 3%~6% 的棉粕予以防止互啄，但一定要注意将棉粕用直径 1.5 毫米的粉碎筛粉细，以免棉壳卡堵小鸡食管；粗纤维含量太低，可能是引起互啄最常见营养因素，而且是最容易在配方上忽略的因素，许多配方中粗纤维含量不到 2.5%。据经验，3%~4% 的粗纤维含量可以有助于减少互啄的发生，这与粗纤维能延长胃肠的排空时间有关。在一般的配方中，3%~6%的棉粕加上1%~3%的统糠或8%~15%的洗米糠可以基本达到要求，但一定别忘记添加1%~3%的油脂，否则，代谢能达不到需要；我们都知道，氨基酸特别是含硫氨基酸的不足是引起互啄的原因之一。那么，到底需要多少氨基酸呢？建议在设计配方时0~4周龄蛋氨酸含量大于0.42%，含硫氨基酸大于0.78%，4周龄后蛋氨酸含量应大于0.38%，含硫氨基酸大于0.7%，这是防止互啄的基本量；至于钙、磷等矿物质及其他微量元素和盐的设计，一般不会缺乏，由于它们的缺乏而引起互啄情况很少见；某些维生素的缺乏（如维生素B_1、维生素B_6等）也会引起互啄，许多厂家在设计配方时往往添加有足够量的维生素，但为什么又会出现缺乏呢？这很大程度上是与维生素的贮存与使用方法不当有关。例如，在夏天，未用任何降温设施而贮存二三个月以上，与氯化胆碱、微量元素、酸化剂、抗氧化剂、防霉剂等物质混合后而不及时使用，使得维生素大量被破坏而引起互啄。

切勿喂霉变饲料。

7. 笼养饲喂

有条件的，将地面栏养移至笼养系统，可减少啄羽。笼养鸡的啄羽较少发展为互啄；在笼养系统中，阶梯形的比重叠型的互啄率高，可能是前者光照强度较高之故。

8. 改变粒型

颗粒料比粉状料更易引起互啄，所以，在蛋鸡料中，宜做成粉状饲料而非颗粒料，并提供足够量的高纤维原料。

9. 预防啄羽

首先，要确保顺利转群，不能让已经适应黑暗的鸡群突然进入光照充足的鸡舍。转群前后，开灯和关灯的时间、饲喂规律等要保持不变。

其次，雏鸡阶段，尽可能地让鸡在纸上或料盘里吃料（图3-11）。要提供干燥和疏松的垫料或可供挖刨的干草（图3-12），以转移母鸡的注意力。定期撒谷粒或粗粮以吸引鸡的注意力，悬挂绳子、啄食块（图3-13）、玉米棒、草等，定期给它们一些新鲜的玩具。

另外，要严格防控螨虫。

图 3-11 让鸡在料盘里吃料

图 3-12 给雏鸡提供可供挖刨的垫料

图 3-13 啄食块是很好的玩具

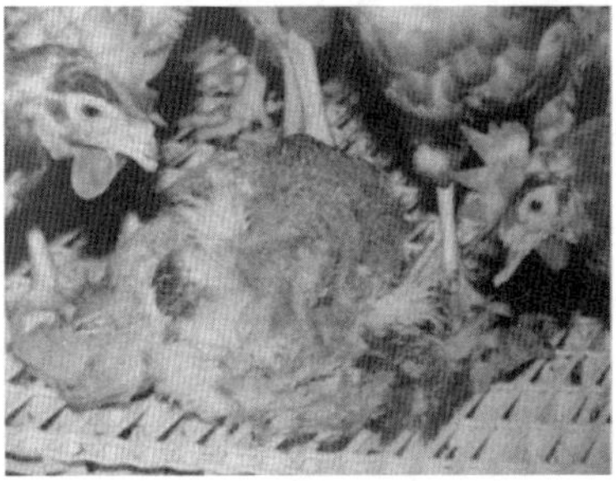

图 3-14 死鸡要立即清除

（五）啄癖的处置

1. 啄羽的应对

（1）检查饲料中的营养水平，提供额外的维生素和矿物质。

（2）调暗光线或使用红光灯。

（3）如果在垫料上饲养的鸡群的情况越来越差，尝试使用鸡眼罩（眼镜）。但从动物福利角度来说，不推荐使用这种方法。

2. 啄肛相残的应对

（1）每天移除弱鸡、受惊吓的鸡、受伤鸡和死鸡（图 3-14）。

（2）控制蛋重，因为产大蛋会引起泄殖腔出血。

（3）调暗光线或使用红光灯。

（4）提供啄食块和粗粮等可以啄食的东西。

（5）如果啄肛与饲料有关，告诉饲料供应商，如果有必要，要求他们运送新的饲料。

3. 给鸡佩戴眼罩

断喙会给鸡造成极大的痛苦。为了减轻鸡的痛苦，可以给鸡带眼罩，防止发生啄癖。

鸡眼罩又叫鸡眼镜（图 3-15），是佩戴在鸡的头部遮挡鸡眼正常平视光线的特殊材料，使鸡不能正常平视，只能斜视和看下方，防止饲养在一起的鸡群相互打架，相互啄毛、啄肛、啄趾、啄蛋等，降低死亡率，提高养殖效益。

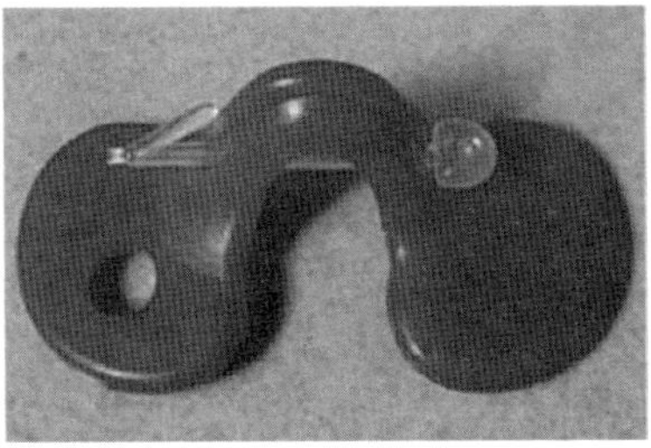

图 3-15 眼罩

图 3-16 给蛋鸡戴上眼罩

开始佩戴鸡眼罩时，先把鸡固定好，先用一个牙签或金属细针在鸡的鼻孔里用力扎一下并穿透，如有少量出血，可用酒精棉擦拭。左手抓住鸡眼镜突出部分向上，插件先插入鸡眼镜右孔后对准鸡鼻孔，右手用力穿过鸡鼻孔，最后插入镜片左孔，整个安装过程完毕（图 3-16）。

四、异常鸡蛋的产生与处置

似乎笼养系统中异常蛋更多，但这是一个误解。在笼养系统中，可以收集所有的鸡蛋，但在地面平养系统中，仅收集产在产蛋箱和垫料上的鸡蛋。地面平养系统中的一些异常鸡蛋和薄壳蛋不产在产蛋箱中，因此它们不被注意，没有算入异常鸡蛋中。

（一）蛋鸡的产蛋节律

卵黄从卵巢排卵 24~26 小时后，母鸡到产蛋箱中产蛋；如果排卵后 4 个小时就产蛋，产下的鸡蛋为薄壳蛋，且母鸡不到产蛋箱中产蛋；如果母鸡的输卵管中没有鸡蛋，母鸡也会按时卧在产蛋箱里；如果母鸡排卵长达28小时后才产蛋（产蛋延迟4~6小时），蛋壳就会有多余的钙斑，尽管没有产蛋，母鸡还会按时卧在产蛋箱中，之后，母鸡就在它所在的地方产蛋。因此，一般只会在笼养系统或垫料中发现这些异常鸡蛋。对于褐壳蛋鸡，很容易通过在鸡蛋一侧的白色环状钙斑而识别这些产蛋延迟的鸡蛋，而对于白壳鸡蛋，因为很难看清白色钙斑，所以很难注意到这些鸡蛋。

（二）常见的异常蛋

1. 薄壳蛋、软壳蛋

任何情况下的薄壳蛋（图3–17）、软壳蛋（图3–18）都是比较难发现的，地面平养系统中，在鸡栖息的棚架下面的鸡粪中可能有薄壳蛋、软壳蛋。笼养系统中，因有其他鸡的阻挡，薄壳蛋、软壳蛋不能顺利的滚落，经常卡在鸡笼的底部。因此，要仔细检查鸡笼的下面或者棚架下面的鸡粪。

薄壳蛋、软壳蛋缺少了大部分蛋壳。可能的原因：如果母鸡开始产蛋较早，在产蛋早期，快速连续的排卵，使蛋壳形成之前就产蛋。输卵管分泌的钙质赶不上快速连续的卵黄形成。薄壳蛋和软壳蛋也可能由高温或疾病（如产蛋下降综合征）等因素引起。

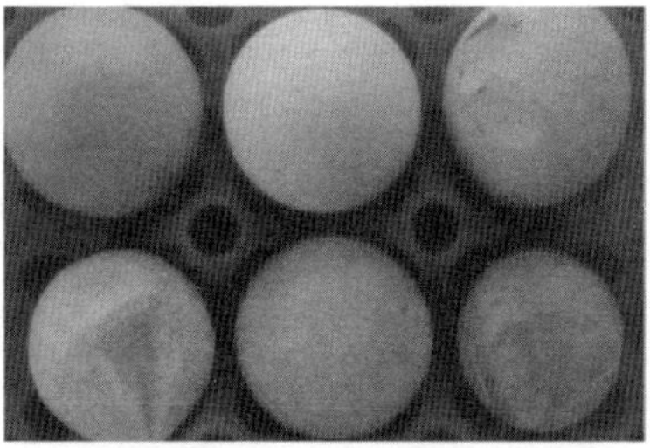

图3–17　薄壳蛋

图3–18　软壳蛋

2. 砂壳蛋

局部粗糙，经常在鸡蛋的钝端（图3–19），可能由传染性支气管炎病毒感染引起，这种情况下鸡蛋的内容物水样。请注意：症状取决于鸡的种类，但是蛋壳将会增厚，鸡蛋的内部质量没有问题。

鸡蛋的尖端比较粗糙且蛋壳较薄，与鸡蛋的健康部分有明显的分界：鸡蛋的尖端光亮。原因是：繁殖器官感染特殊的滑液囊支原体毒株。

3. 脆壳蛋

产蛋后期，蛋重较大，该种鸡蛋的蛋壳脆弱（图 3-20）。此时要及时调整饲料中的钙含量，额外添加钙。确保在天黑之前喂好母鸡，因为蛋壳主要在晚上沉积。薄壳蛋也可能是母鸡的饲料摄入量出现问题（疾病或高温）而引起。

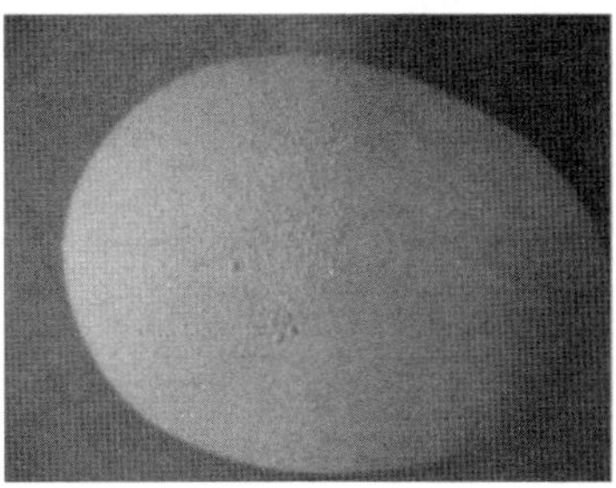

图 3-19 砂壳蛋

图 3-20 产蛋后期，蛋重大，蛋壳脆弱

4. 环状钙斑蛋

有环状钙斑的鸡蛋（图 3-21）比正常产蛋时间晚产 6~8 个小时，可在地面或棚架上的任何地方发现这样的鸡蛋，因为母鸡产蛋时正好待在那里。

图 3-21 有环状钙斑的鸡蛋

图 3-22 褐壳蛋鸡下的个别白壳蛋

有时会意外的在褐壳蛋鸡下的蛋中遇到白壳蛋（图 3–22）。这可能是因饲料中残留的抗球虫药（尼卡巴嗪）引起，即使微量的抗球虫药也可以导致白壳蛋，抗球虫药可以杀死受精鸡蛋中的胚胎。白壳蛋的另外原因是感染传染性支气管炎、火鸡鼻气管炎和新城疫。

5. 脊状壳蛋

鸡蛋出现脊状蛋壳（图 3–23），可能的原因是蛋鸡遭受应激。

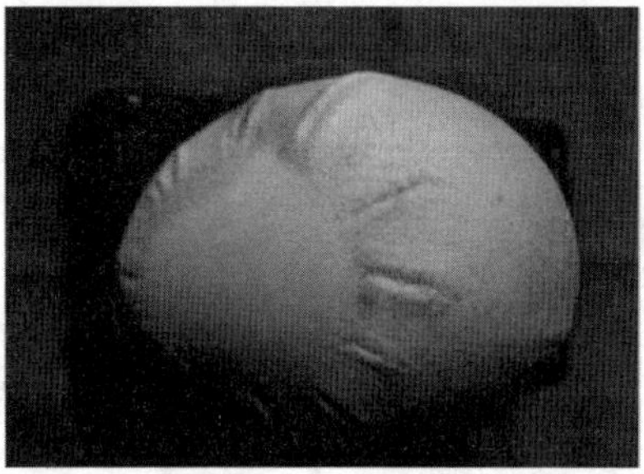

图 3–23　脊状蛋壳

（三）引起蛋壳异常的常见因素

1. 产蛋之前的因素引起的蛋壳异常

鲜蛋的外部质量指标有蛋重、颜色、形状、蛋壳的强度和洁净度等。从鸡蛋的外面你可以知道很多，鸡蛋的裂缝和破碎经常与笼底或者集蛋传送带出现的问题有关，有缺陷或者脏的蛋壳与母鸡的健康状况、饲料的成分和产蛋箱的污物或者笼底的鸡粪有关。

鸡蛋的形状各不相同，是由母鸡的遗传特性决定的，与疾病或者饲养管理无关。

鸡蛋上有钙斑，引起钙斑的原因很多。

鸡蛋顶部呈脊状，是由产蛋过程中遭遇应激有关。

脊状蛋壳，由传染性支气管炎引起。

在蛋壳形成过程中，母鸡沉郁也会导致蛋壳破裂。

砂壳蛋：有多种原因引起，例如，传染性支气管炎，也可能与鸡的品种有关。

畸形蛋（细长鸡蛋）（图 3-24）：是因输卵管中同时有 2 个鸡蛋在一起，这与疾病有关，主要由母鸡的遗传特性引起。

图 3-24 畸形蛋

2. 产蛋之后引起的蛋壳异常的因素

血斑蛋（图 3-25）蛋壳上的血迹来源于损伤的泄殖腔，因鸡蛋太重或者啄肛导致泄殖腔损伤。

灰尘环是由鸡蛋在肮脏的地面滚动时造成的（图 3-26），在鸡笼和产蛋箱中的灰尘也可引起灰尘环。另外，确保鸡蛋滚到集蛋带上时的蛋壳干燥，也可以用一个鸡蛋保护器保持鸡蛋干燥，并使鸡蛋缓慢滚落到鸡蛋带上，这样灰尘就不会沾到蛋壳上。当然，鸡蛋不能在鸡舍中放置太久，定期清理鸡蛋带。

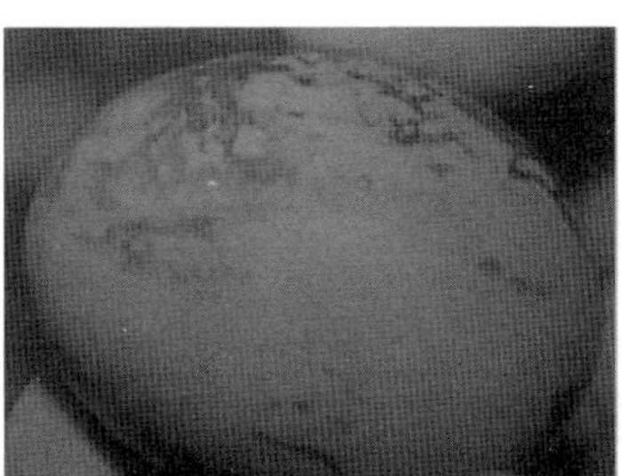

图 3-25 血斑蛋

图 3-26 鸡蛋上的灰尘环

产蛋时，鸡蛋温度是 38℃，且无气室；产蛋后，鸡蛋的温度骤降到 20℃左右，鸡蛋的内容物收缩，空气通过蛋壳的气孔被吸收到鸡蛋内，就形成了气室。

但是，刚产后蛋壳很脆弱，少量的蛋壳会被吸到鸡蛋里。图3-27中所示的鸡蛋上的小孔是由破旧的鸡笼引起的，当鸡蛋落下时笼子损坏鸡蛋的尖端。

鸡蛋上的鸡粪（图3-28）可能是肠道疾病导致母鸡排稀薄鸡粪的结果；湿的鸡粪也可能是由于不正确的饲料配方引起；如果使用可滚动的产蛋箱，需要检查产蛋箱驱动系统，如果该系统不能正常工作或关闭太迟，鸡蛋被脏的产蛋箱底板污染。如果使用人工鸡蛋的产蛋箱，一定要保重产蛋箱清洁干净。

图3-27　旧的笼具损坏蛋壳

图3-28　鸡蛋上有鸡粪

（四）蛋壳的裂缝和破裂

产蛋后不久，鸡蛋即可能被损坏，鸡蛋上出现破裂、发丝裂缝、凹陷或小洞。

观察损坏的位置和性质：在鸡蛋的尖端或钝端的小洞说明产蛋时鸡蛋大力撞击了底板，这也说明鸡笼中钢丝板已陈旧或太坚硬，或者产蛋箱中有凸起；鸡蛋的一侧有裂缝和破裂，说明当鸡蛋从鸡笼或产蛋箱滚落到鸡蛋带的过程中，或者在运输过程中，鸡蛋被损坏。

从母鸡到集蛋台，仔细检查鸡蛋的生产过程：鸡蛋是轻轻的滚动吗？它们之间会相互滚动撞击吗？鸡蛋带之间的过渡是一条直线吗？鸡蛋带上的鸡蛋越多，鸡蛋越容易产生裂缝和破裂。

因此，要确保经常收集鸡蛋，至少1天2次。

每个系统都有需要注意和仔细检查的地方。例如，在地面平养系统中，如果 95% 的鸡蛋都在鸡蛋带的同一个地方，被破坏的概率将增大。这是由母鸡喜欢在相对固定的产蛋箱产蛋而导致的结果。应对措施是，让鸡蛋带多运行几次，使鸡蛋的分布均匀。

在笼养系统中，受惊吓的母鸡突然飞起来，或者四处乱蹦，也可能会导致鸡蛋的裂缝和破裂。如果这种情况发生，找到惊吓母鸡的原因并消除，例如，鸡舍中有野鸟，还是金属部件上有电流？

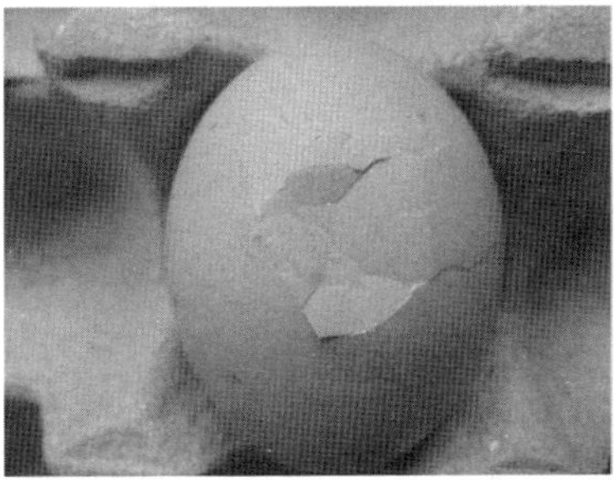

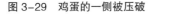

图 3-29 鸡蛋的一侧被压破

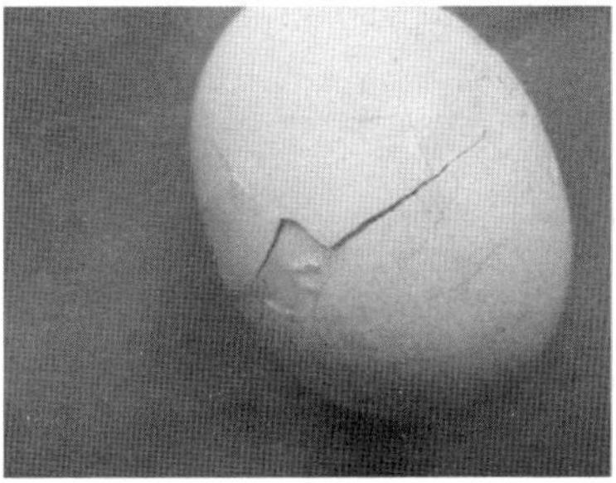

图 3-30 鸡蛋受到撞击而破裂

太多的鸡蛋堆积在一起，鸡蛋的一侧将会被压损坏（图 3-29）。

鸡蛋的裂缝和破裂（图 3-30）也可能是由鸡蛋带运行的速度太快且不停地打开和关闭，使鸡蛋相互碰撞而引起。鸡蛋带最好要缓慢运行，而非快速运行和频繁开关。

有时，鸡蛋的裂缝和破裂也经常发生在产蛋末期。在产蛋末期，可能由于饲料中缺乏钙，鸡蛋的蛋壳变得比较脆弱（图 3-31）。

图 3-31 错误地放置鸡蛋

横放在鸡蛋托盘上将会造成托盘中的鸡蛋破裂，这不仅仅是鸡蛋的损失，打碎的鸡蛋也可能会污染托盘中的其他鸡蛋，产生臭鸡蛋的味道。

图 3-32　鸡蛋尖端向下

图 3-33　气室向上

放置鸡蛋时，要尖端向下（图 3-32），气室向上（图 3-33）。气室部位是最脆弱的，在运输过程中避免气室承载整个鸡蛋的重量，另外，鸡蛋尖端向下放置时，蛋黄的位置处在鸡蛋的正中间。

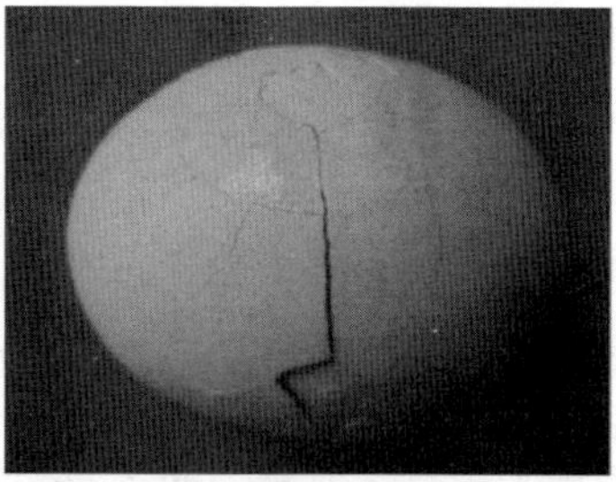

图 3-34　一侧有裂缝和破裂的鸡蛋

当鸡蛋滚动时，蛋壳容易被破坏。鸡蛋钝端有裂缝和破裂，说明产蛋箱底板太硬，产蛋时鸡蛋落到产蛋箱底板而被破坏（图 3-34）。

在蛋鸡养殖中，如果在生产的最后阶段中鸡蛋被磕坏，这完全是投资的浪费。因此，对纸托盘（图 3-35）或者塑料托盘（图 3-36）的少量投资是值得的。尽管塑料托盘的投资成本高，但是有持久耐用的优点。用蛋筐运送鸡蛋会产生很多不必要的磕裂和损坏（破损率高

图 3-35 纸托盘

图 3-36 塑料托盘

达 20%)，用托盘运输鸡蛋的破损率仅为 2%。

因塑料托盘容易清洁，所以，比重新利用纸托盘更卫生。另外，大部分鸡蛋加工过程都是自动的，纸托盘不适于这一加工过程。因此，塑料托盘越来越流行。

五、低产鸡和停产鸡的处置

低产鸡和停产鸡一般冠小萎缩，粗糙苍白，眼圈与喙呈黄色，肛门小而紧缩，耻骨间距小，仅能容纳 1~2 指。对于开产过晚或开产后不久就换羽的鸡和一些体重过轻、过肥、瘫痪、瘸腿的鸡也要及时淘汰。产蛋鸡与停产鸡、高产鸡与低产鸡的辨别可参考表 3-11、表 3-12。

表 3-11 产蛋鸡与停产鸡的区别

项目	产蛋鸡	停产鸡
冠、肉垂	大而鲜红，丰满，温暖	小而皱缩，苍白或暗红色，粗糙，冷凉
肛门	大而松弛，湿润，呈椭圆色	小而皱缩，干燥，呈圆形
触摸品质	皮肤柔软细嫩，耻骨薄而有弹性	皮肤粗糙，耻骨硬无弹性
腹部容积	大	小
换羽	未换羽	已换羽或正在换羽
色素	肛门、喙、胫已褪色	肛门、喙、胫为黄色

表 3–12　高产鸡与低产鸡的区别

项目	高产鸡	低产鸡
头部	大小适中，清秀，头顶宽	粗大，面部有较多脂肪，头过长或过短
喙	稍粗短，略弯曲	细长或过于弯曲，形似鹰嘴
冠	大、细致、红润、温暖	小，粗糙，苍白，冷凉
胸部	宽而深，向前突出，胸骨长而直	发育欠佳，胸骨短而弯曲
体躯	背长而平，腰宽，腹部容积大	背短，腰窄，腹部容积小
尾	尾羽伸展，不下垂	尾羽不正，过高，过平，下垂
皮肤	柔软有弹性，稍薄，手感良好	厚而粗，脂肪过多，发紧发硬
耻骨间距	可容纳 3 指以上	仅容纳 1~2 指
胸骨与耻骨间距	可容纳 4~5 指	仅容纳 2~3 指
换羽	换羽迟，延续时间短	换羽早，延续时间长
性情	活泼好动	动作迟缓
觅食力	觅食力强，嗉囊饱满	觅食力弱，嗉囊干瘪
羽毛（换羽期间）	陈旧污脏，残缺不齐	整齐清洁，旧羽已换成新羽

技能训练

一、产蛋曲线的绘制与分析

【目的要求】学会根据蛋鸡的产蛋资料绘制产蛋曲线，并能根据产蛋曲线分析鸡群产蛋性能，找出引起产蛋率下降的原因，提出改进措施。

【训练条件】提供某鸡场饲养该品种的实际生产性能记录和某品种商品蛋鸡生产性能标准，坐标纸、绘图工具和计算器等。

【操作方法】

（1）根据罗曼褐壳蛋鸡商品代生产性能标准，在坐标纸上以横坐标表示周龄，以纵坐标表示产蛋率，将所列各周龄产蛋率连接成线，即为一个产蛋年的标准产蛋曲线。

（2）根据某鸡场商品蛋鸡产蛋率统计表，在上述标准产蛋曲线的同一坐标纸上，标出各周龄的产蛋率，连接各点，即为该鸡群一个产蛋年的产蛋曲线。

（3）将鸡群的实际产蛋曲线与标准曲线相比较，如果两者形状相似或在标准产蛋曲线之上，说明鸡群产蛋性能正常，鸡群的饲养管理良好；反之，说明鸡群可能患病或饲养管理出现问题，应查找原因，以便及时调整饲养管理措施。

【考核标准】

1. 标准产蛋曲线绘制正确。
2. 鸡群的实际产蛋曲线绘制精确。
3. 产蛋曲线比较、分析正确。
4. 调整措施合理得当。

二、蛋鸡场光照计划的拟订

【目的要求】理解蛋鸡一生不同阶段的光照原则，能根据当地自然光照规律和鸡舍类型，拟订不同出雏日期蛋鸡的光照计划。

【实训条件】提供不同纬度地区日照时间表和不同出雏日期与 20 周龄时间查对表。

【操作方法】

在育雏育成期的光照原则是每天的光照时间只能逐渐减少或恒定，不能增加，但每天不能少于 8 小时光照；在产蛋期光照原则是每天光照时间应逐渐增加或恒定，不能减少，但每天不能超过 16 小时光照。适宜的光照度在育雏初期应保持在 15~20 勒克斯，育成期保持在 5~10 勒克斯，产蛋期保持在 10~20 勒克斯。

1. 密闭式鸡舍的光照方案

可以根据蛋鸡不同阶段的光照原则制订光照方案，参见表 3-13。

表 3-13　密闭式鸡舍的光照方案

周龄	1~3天	4天至18周	19	20	21	22	23	24	25	26	27	28	29	30
光照时间（小时）	23	8	9	10	11	12	12.5	13	13.5	14	14.5	15	15.5	16
光照度（勒克斯）	20	5~10						10~20						
灯泡瓦数（瓦）	40~60	15						40~60						

如果育雏育成期养在密闭式鸡舍，到产蛋期转到开放式鸡舍，要考虑转群时当地日照时间，然后根据此时间决定育雏育成期光照，如果转群时当地日照时间在 10h 以内，则可用此光照时间作为恒定光照时间，基本与全期养在密闭式鸡舍光照程序相同。如果转群时当地日照时间在 10 小时以上，则应采用渐减法（同开放式鸡舍）。

2. 开放式鸡舍的光照方案

根据出雏日期不同有两种光照方案。

（1）育雏育成期自然光照方案。在我国适合于 4 月上旬至 9 月上旬期间出雏的鸡，例如北纬 35° 地区，9 月 1 日出雏的鸡，经查表制订光照方案见表 3-14。

表 3-14　育雏育成期自然光照产蛋期补充光照方案

周龄	1~3天	4天~18周	19	20	21	22	23	24	25	26	27	28	29	30
光照时间（小时）	23	自然光照	10	11	12	12.5	13	13.5	14	14.5	15	15.5	16	16
光照度（勒克斯）	20							10~20						
灯泡瓦数（瓦）	40~60							40~60						

（2）育雏育成期控制光照方案。在我国适合于 9 月中旬到第二年 3 月下旬期间出雏的鸡。其控制办法有以下两种。

①恒定法：查出本批鸡育成期当地自然光照最长一天的光照时数，自4日龄起即给予这一光照时数，并保持不变至自然光照最长一天为止，以后自然光照至性成熟，产蛋期再增加人工光照。如北纬35°地区，3月31日出雏的鸡，查表该批鸡育成期为3月31日至8月18日，此期间最长日照时数是6月15日的光照时数为13小时20分，制订的光照方案见表3-15。

表3-15 育雏育成期控制光照产蛋期补充光照方案（恒定法）

周龄	1~3天	4天~11周	12~18	19	20	21	22	23周以后
光照时间（小时）	23	14.5	自然光照	14	14.5	15	15.5	16
光照度（勒克斯）	20	10				10~20		
灯泡瓦数（瓦）	40~60	25				40~60		

②渐减法：查出本批鸡20周龄时的当地日照时数，加7小时作为4日龄光照时数，然后每周减少光照时数20分钟，到20周龄时恰好为当地日照时间。如上例中，该批鸡20周龄时当地日照时数约为13小时20分钟，制订的光照方案见表3-16。

表3-16 育雏育成期控制光照产蛋鸡补充光照方案（渐减法）

周龄	1~3天	4天至1周	2~20	21	22	23	24	25	26周以后
光照时间（小时）	23	20小时20分钟	20小时20分至13小时20分钟	13小时40分钟	14	14.5	15	15.5	16
光照度（勒克斯）	20	20	10	10~20					
灯泡瓦数（瓦）	40~60	40~60	40~25	40~60					

【考核标准】

1. 能表述拟订蛋鸡光照计划的原则。

2. 会正确查阅不同纬度地区日照时间表和不同出雏日期与20周龄时间查对表。

3. 在规定时间内制订出光照计划。

4. 光照时间、光照度符合蛋鸡光照计划原则及各饲养阶段的生理要求。

5. 各阶段光照计划衔接无误。

6. 制订的光照计划科学合理、简单易行。

三、高产蛋鸡表型选择

【目的要求】会根据鸡的外貌和生理特征进行选择与淘汰，能正确区分产蛋鸡与停产鸡、高产鸡与低产鸡。

【实训条件】高产鸡、低产鸡和停产鸡若干只，鸡笼等用具。

【操作方法】

（1）根据外貌和生理特征区分产蛋鸡和停产鸡，可参考表3-11。

（2）根据外貌和生理特征区分高产鸡和低产鸡，可参考表3-12。

【考核标准】

1. 保证方法正确。

2. 产蛋鸡和停产鸡的鉴别部位与叙述内容正确，辨认结果正确。

3. 高产鸡和低产鸡的鉴别部位与叙述内容正确，辨认结果正确。

思考与练习

1. 产蛋鸡有哪些生理特点?

2. 鸡群产蛋有什么规律?

3. 产蛋前期的管理目标与管理重点有哪些?

4. 蛋鸡无产蛋高峰的主要原因有哪些?

5. 简述蛋鸡产蛋量突然下降的原因与处置措施。

第四章 蛋鸡的卫生防疫与疾病控制

知识目标

1. 了解生物安全的概念，掌握建立生物安全体系的措施。
2. 掌握疫苗的保存、运输注意事项。
3. 掌握蛋鸡常用疫苗的特点与使用方法。
4. 了解鸡场粪污处理的方法。
5. 了解疾病防制的基本原则。

技能要求

1. 会正确使用各类疫苗。
2. 掌握肌内注射、皮下注射、点眼滴鼻、刺种、饮水、喷雾等免疫接种操作要领。
3. 能根据本场实际，制定切实可行的免疫程序，并正确实施。

第一节 提供和保障生物安全的饲养环境

生物安全强调的是环境因素在保证鸡群健康中的作用，更是保证养殖效益的基础。只有通过全面实施生物安全体系，为蛋鸡提供全面的生物安全的生存环境，才能保证蛋鸡的养殖效益。

一、生物安全的概念

生物安全是一个综合性控制疾病发生的体系，即将可传播的传染性疾病、寄生虫和害虫排除在外的所有的有效安全措施的总称。控制好病原微生物、昆虫、野鸟和啮齿动物，并使鸡有好的抗体水平，在良好的饲养管理和科学的营养供给条件下，鸡群才能发挥出最大的生产潜力。

当前，疫病严重困扰着蛋鸡的健康发展，一些疫病甚至已经引起许多国家和地区的恐慌。生物安全性的提出，与蛋鸡生产及科技水平的发展有关，通过有效实施生物安全，使疫病远离鸡场，或者如果存在病原体，这一体系能消除它们，或至少减少它们的数量和密度，保证养鸡生产获得好的生产成绩和经济效益，保证企业终产品具有良好的食品安全性、市场竞争力和社会认知度。

二、建立生物安全体系的措施

生物安全的实质是指对环境、鸡群及从业人员的兽医卫生管理。生物安全包括 3 个部分：隔离、交通控制、卫生和消毒。围绕着这三大部分，可以把生物安全体系区分为 3 个不同的管理层次，即建筑性生物安全措施、观念性生物安全措施、操作性生物安全措施，从建立生物环境安全隔离制度、严格执行消毒措施、做好免疫预防安全工作、加强投入品的卫生安全管理以及鸡场废弃物的无害化处理等方面，采取综合措施。

（一）建筑性生物安全措施——科学合理的隔离区划

1. 养殖场的科学选址和区划隔离

良好的交通便于原料的运入和产品的运出，但养殖场不能紧靠村庄和公路主干道，因为村庄和公路主干道人员流动频繁，过往车辆多，容易传播疾病。鸡场要远离村庄至少 1 千米、距离主干道路 500 米以上，这样既使得鸡场交通便利，又可以避免村庄和道路中不确定因素对鸡的应激作用，另外也减少了某些病原微生物的传入。养殖场、孵化场和屠宰场，按鸡场代次和生产分工做好隔离区划。

2. 改革生产方式

逐步从简陋的人鸡共栖式小农生产方式改造为现代化、自动化的中小型养鸡场，采用先进的科学的养殖方法，保证鸡只生活在最佳环境状态下。高密度的鸡场不仅有大量的鸡只、大量的技术员、饲料运输及家禽运送人员在该地区活动，还可造成严重污染而导致更严重的危害事件如禽流感事件。因此，要合理规划鸡舍密度，保持鸡场之间、鸡舍之间合理的距离和密度。

鸡场的大小与结构也应根据具体情况灵活掌握。过大的鸡场难以维持高水平的生产效益。所以在通常情况下，提倡发展中小型规模的鸡场。当然，如果有足够的资金和技术支持，也可以建大型鸡场。

合理划分功能单元，从人、鸡保健角度出发，按照各个生产环节的需要，合理划分功能区。应该提供可以隔离封锁的单元或区域，以便发生问题时进行紧急隔离。首先，鸡场设院墙或栅栏，分区隔离，一般谢绝参观，防止病原入侵，避免交叉感染，将社会疫情拒之门外；其次，根据土地使用性质的不同，把场区严格划分为生产区和生活区；根据道路使用性质的不同分为生产用路和污道。生产区和生活区要有隔墙或建筑物严格分开，生产区和生活区之间必须设置消毒间和消毒池，出入生产区和生活区，必须穿越消毒间和踩踏消毒池。

3. 鸡场人员驻守场内，人鸡分离

提倡饲养人员家中不养家禽，禁止与其他鸟类接触以防饲养人员成为鸡传染病的媒介。多用夫妻工，提倡夫妻工住在场内，提供夫妻宿舍，这样可避免工人外出的概率，进而避免与外界人员的接触，更好地保护鸡场安全。

（二）观念性生物安全措施——遵照安全理念制定的制度与规划

1. 净化环境，消除病原体，中断传播链

场区门口要设有保卫室和消毒池，并配备消毒器具和醒目的警示牌。消毒室内设有紫外线灯、消毒喷雾器和橡胶靴子，消毒池要有合适的深度并且长期盛有消毒水；警示牌上写上“养殖重地，禁止入内”，并长期悬挂在入场大门或大门两旁醒目的位置。

根据饲养规模设置沉淀池、粪便临时堆放地以及死鸡处理区。污水沉淀池、粪便存放地要设在远离生产区、背风、隐蔽的地方，防止对场区内造成不必要的污染。死鸡处理区要设有焚尸炉。

净、污道分离，鸡苗、饲料、人员和鸡粪各行其道，场区内及大门口道路务必硬化，便于消毒和防疫；下水道要根据地势设置合理的坡度，保证污水排泄畅通，保证污水不流到下水道和污道以外的地方；清粪车入场必须严格消毒车轮，装粪过程要防止洒漏；装满后用篷布严密覆盖，防止污染环境。要求鸡舍内无粉尘、无蛛网、无粪便、无垫料、无鸡毛、无甲虫、无裂缝、无鼠洞，彻底清洗、消毒3~5遍。

生产人员隔离和沐浴制度；严格的门卫消毒制度；人员双手、鞋、衣服、工具、车辆、垫料消毒，外来车辆禁止入场；汽车消毒房冬季保温和密闭措施，冬季消毒池加盐防冻；垫料消毒，防止霉变。

2. 加强消毒

（1）环境卫生消毒。场内部及外部环境应建立生物防疫屏障，建立防护林。根据气候情况，每5天对鸡场内外主要道路进行彻底消毒。定期清扫鸡场的环境、道路。在场内污水池、下水道口、清粪口每月用0.3%的过氧乙酸消毒一次。及时清理场区杂草，整理场内地面，排除低洼积水，疏通水道，做好场区的污水排放和雨水排放工作，消除病原微生物存活的条件。每年将环境中的表层土壤翻整一次，减少环境中的有机物，以利于环境消毒。

（2）人员及车辆消毒。

① 主要通道口与场区的消毒。主要通道口必须设置消毒池，消毒池的长度为进出车辆车轮两个周长以上。消毒池上方最好建有顶棚，防止日晒雨淋。消毒液采用0.3%的过氧乙酸，每周更换3次。

② 平时应做好场区的环境卫生工作，经常使用高压水洗净。每栋鸡舍的门前也要设置脚踏消毒槽，并做到每周至少更换2次消毒液。进出鸡舍应换穿不同的专用橡胶长靴，并在踩踏盆踩踏消毒后才可进鸡舍，将换下的靴子洗净后浸泡在另一消毒槽中，并进行洗手消毒，穿戴消毒过的工作衣帽进入鸡舍。

③ 在生产区入口处的消毒更衣室，设有紫外线灯，在生产人员通过时进行2~3分钟的消毒。

④ 一般情况下，场内谢绝参观。上级领导检察工作或必须参观

者，经批准后和生产区工作人员一样，要进行严格的消毒。进入鸡场生产区的人员，尤其是直接接触鸡群的人员须按以下程序消毒进场：脱衣→洗澡→更衣换鞋→进场工作。

⑤ 工作服应每 3 天清洗一次，并在阳光下暴晒。饲养员在换班过程中应换下工作服洗净并消毒后，才能进行。工作服和鞋帽应于每天下班后挂放在更衣室内，用足够强度的紫外线灯照射消毒。

⑥ 检查巡视鸡舍或生产区的技术人员，也很容易成为传播疾病的媒介，技术人员应更注意自身的消毒。特别是负责免疫工作的技术人员，每免疫完一批鸡群，都要用消毒药水洗手，工作服应用消毒药水泡洗 10 分钟后，在阳光下暴晒消毒。

⑦ 饲养人员要坚守岗位，不得串舍，所用工具及设备都必须专舍专用。

⑧ 疫苗免疫人员每次免疫完成后，要求衣服、鞋、冒清洗消毒。

（3）鸡舍的消毒。鸡舍全面消毒应按一定的顺序进行：鸡舍排空、清扫、洗净、干燥、消毒、再干燥、再消毒。

① 鸡舍排空。鸡群更新的原则是“全进全出”制，将所有的鸡尽量在短期内全部清转。

② 清扫。鸡舍排空后，清除饮水器、饲槽的残留物，对风扇、通风口、天花板、横梁、吊架、墙壁等部位的尘土进行清扫，然后清除所有垫料、粪肥。为了防止尘土飞扬，清扫前可事先用清水或消毒液喷洒，消除的粪便、灰尘集中处理。

③ 洗净。经过清扫后，用动力喷雾器或高压水枪进行洗净，洗净按照从上至下，从里至外的顺序进行。对较脏的地方，可事先进行人工刮除，要注意对角落、缝隙、设施背面的冲洗，做到不留死角，真正达到清洁。

④ 消毒鸡舍。经彻底洗净、检修维护后即可进行消毒。

熏蒸消毒常用福尔马林配合高锰酸钾等进行。此法消毒全面、方便，但要求鸡舍必须密闭。由于甲醛气体的穿透能力弱，熏蒸前应将消毒对象放散开，并在舍内洒水，保持相对湿度在 70%，温度在 18℃以上。一般按照每立方米消毒空间，使用福尔马林 50 毫升，水 12.5 毫升，高锰酸钾 25 克（或等量生石灰）。消毒 12~24 小时后打开门窗，通风换气，若急用，可用氨气中和甲醛气体。

⑤ 空舍 15~20 天后可进雏。

（4）用具的消毒。

① 运载工具、种蛋的消毒。蛋箱、雏鸡箱和鸡笼等频繁出入鸡舍，必须经过严格的消毒。所有运载工具应事先洗涮干净，干燥后进行熏蒸消毒后备用。

② 免疫用的注射器、针头等，应于每次使用前都要经煮沸消毒，特别是免疫用的注射器、针头及相关材料，要清洗干净。化验用的器具和物品在每次使用后都应消毒。

③ 饮水器、料槽、料桶、水箱等用具每周应清洗消毒 1 次。

④ 每天除完鸡粪后，所用用具必须清洗干净，舍内舍外用具应严格分开。

（5）饮水消毒。

① 饮水消毒的目的主要是控制大肠杆菌等条件性致病菌，同时对控制饮水器及饮水管线中的黏液、细菌也非常重要。做好饮水消毒，将对控制病毒和细菌性疾病极为有利，尤其是呼吸道疾病。

② 饮水应清洁无毒、无病原菌，符合人的饮用水质标准。

③ 除饮水中加入其他有配伍禁忌的药物或正在饮水免疫外，饮水消毒在整个饲养周期均不应间断。

④ 饮水消毒，长时间使用不会产生耐药性，对防止水槽中的水垢沉积也很有效。

（6）带鸡消毒。

① 带鸡消毒是指鸡入舍后至淘汰前整个饲养期内，定期使用有效的消毒剂，对鸡舍环境及鸡体表面进行喷雾，以杀死空中悬浮和附着在鸡只体表的病原菌。具有清洁鸡只体表、沉降舍内漂浮尘埃、抑制舍内氨气的发生和降低氨气浓度的作用，夏季还可防暑降温。

② 一般鸡 10 日龄以后，即可实施带鸡消毒，以后可根据具体情况而定。育雏期宜每周 1 次，育成期每周两次，成鸡可每 3 天消毒 1 次，发生疫情时每天消毒 1 次。喷雾粒子以 80~100 微米，喷雾距离 1 米为最好。喷雾时应使舍内温度比平时高 3~4℃，冬季应使药液温度加热到室温，消毒液用量为 60~240 毫升 / 米^3，以地面、墙壁、天

花板均匀湿润和鸡只体表微湿的程度为止，最好每 3~4 周更换一种消毒药。常用来作带鸡消毒的消毒药有 0.15% 过氧乙酸等。

③ 每次在带鸡消毒时应先将舍内的尘灰和蛛网用长扫把扫净，再进行带鸡消毒。

（7）种蛋和孵化车间的消毒。

① 种蛋收集，经熏蒸消毒后方可进入仓库或孵化室。种蛋应及时收捡，越早消毒越好，要求不超过 2 小时。影响种蛋消毒效果的因素有：消毒药的剂量、环境温度、湿度、消毒时间及排风状况等。

② 种蛋消毒方法。一种是液体消毒剂喷洒或浸泡，喷雾要求的喷雾粒子为 50 微米，最有效的还是用甲醛熏蒸。需要注意的是，入孵后 24~96 小时的种蛋禁止熏蒸，否则会伤害胚胎的发育。

③ 雏鸡的消毒。一般不对雏鸡施行熏蒸消毒，但在暴发脐炎、白痢、副伤寒等疫病或鸡场受到严重污染时，则应实施对雏鸡的熏蒸。甲醛熏蒸后雏鸡的绒毛会染成深棕色。

④ 孵化车间、孵化机、出雏机的消毒。在每批鸡孵出后，先用洗涤剂彻底地清洗机器，然后再用甲醛熏蒸消毒。发生甲醛气体的容器应为甲醛量的 5~10 倍，使用搪瓷或陶瓷容器，将甲醛放入要熏蒸消毒的机器内，然后倒入高锰酸钾。

⑤ 孵化室内的下水道口处应定期投放消毒剂，定期对室内、室外进行喷雾消毒。

⑥ 对于较脏的种蛋，应用消毒剂轻轻擦洗掉。

⑦ 捡种蛋前要用洗涤剂洗手。

（8）粪便及死鸡的消毒。每天的鸡粪应及时清除，堆放于粪场，再通过运粪车运至场外或利用生物发酵对鸡粪进行发酵处理。搬运鸡粪所用的器具、工作服、搬运途中污染，也要进行清洗消毒处理。对于死鸡要进行高温处理或深埋发酵处理。

（三）操作性生物安全措施——依据安全理念制定的日常工作细则

1. 精心饲养，减少应激

每次疾病的发生，必然存在饲养管理失当的原因。生产中 80% 疾病问题由饲料、通风、保温、光照和供水不当而引起；鼠患对鸡群的骚扰和应激；养重于防，防重于治。减少应激，加强鸡群综合免疫力，是提高生产成绩的重要手段之一。

2. 全进全出的饲养制度

现代蛋鸡生产几乎都采用“全进全出”的饲养制度，即在一栋鸡舍内饲养同一批同一日龄的蛋鸡，全部雏鸡都在同一条件下育雏，又在同一天转栏、淘汰。这种管理制度简便易行，优点很多，在饲养期内管理方便，可采用相同的技术措施和饲养管理方法，易于控制适当温度，便于机械作业。也利于保持鸡舍的卫生与鸡群的健康。蛋鸡满500日龄淘汰后，便对鸡舍及其设备进行全面彻底的打扫、冲洗、熏蒸消毒等。这样不但能切断疫病循环感染的途径，而且比在同一栋鸡舍里混养几种不同日龄的鸡群产蛋整齐，耗料少，病死率低。

第二节　落实以预防为主的综合性防疫卫生措施

养鸡场需要通过实施生物安全体系、预防保健和免疫接种3种途径，来确保鸡群健康生长。在整个疾病防控体系中，三者通过不同的作用点起作用。生物安全体系主要通过隔离屏障系统，切断病原体的传播途径，通过清洗消毒减少和消灭病原体，是控制疾病的基础和根本；预防保健主要针对病原微生物，通过预防投药，减少病原微生物数量或将其杀死；免疫接种则针对易感动物，通过针对性的免疫，增加机体对某个特定病原体的抵抗力。三者相辅相成，以达到共同抗御疾病的目的。

一、疫苗的保存、运输

鸡的常用疫苗包括病毒苗和细菌苗两种。病毒苗是由病毒类微生物制成，用来预防病毒性疫病的生物制品，如新城疫Ⅰ系、Ⅳ系，传染性支气管炎H120、H52等。细菌苗则是由细菌类微生物制成的生物制品，如传染性鼻炎苗，致病性大肠杆菌苗等，用来预防相应细菌性疾病的感染和发生。

鸡的各种疫苗，不同于一般的化学药品或制剂，是一种特殊的生物制品。因此，其保存、运输和使用有其特殊的方法和要求，必须遵循一定的科学原则来进行。

（一）疫苗的保存

疫苗属于生物制品，保存时总的原则是：分类、避光、低温、冷藏，防止温度忽高忽低，并做好各项入库登记。

1. 分门别类存放

（1）不同剂型的疫苗应分开存放。如弱毒类冻干苗（新城疫Ⅰ系、Ⅳ系，传染性支气管炎H120、H52等）与灭活疫苗（如新城疫油苗等）应分开，各在不同的温度环境下存放。

（2）相同剂型疫苗，应做好标记放置，便于存取。如弱毒类冻干苗在相同温度条件下存放，应各成一类，各放一处，做好标记，以免混乱。

2. 避光保存

各种疫苗在保存、运输或使用时，均必须避开强光，不可在日光下暴晒，更不可在紫外线下照射。

3. 低温冷藏

生物制品都需要低温冷藏。不同疫苗类型，其保存温度是不相同的。弱毒类冻干苗，需要 -15℃保存，保存期根据各厂家的不同，一般不超过1~2年；一些进口弱毒类冻干苗，如法倍灵等，需要2~8℃保存，保存期一般为1年；组织细胞苗，如马立克疫苗，需保存在 -196℃的液氮中，故常将该苗称作液氮苗。所有生物制品保存时，应防止温度忽高忽低，切忌反复冻融。

4. 做好各项入库登记

各种疫苗或生物制品，入库时都必须做好各项记录。登记内容包括疫苗名称、种类、剂型、单位头份、生产日期、有效期、保存温度、批号等；此外，价格、数量、存放位置也应纳入登记项目中，便于检查、存取、查询。

取苗发放使用时，应认真检查，勿错发、漏发，过期苗禁发，并做好相应记录，做到先存先用，后存后用；有效期短的先用，有效期长的后用。

（二）疫苗的运输

疫苗的存放地与使用地常常不在同一个地方，都有一个或近或远的距离，因此，疫苗的运输包括长途运输和短途运送。但无论距离远近，运输时都必须避光、低温冷藏为原则，需要一定的冷藏设备才能完成。

1. 短距离运输

可以用泡沫箱或保温瓶，装上疫苗后还要加装适量的冰块、冰袋等保温材料，然后立即盖上泡沫箱盖或瓶盖，再用塑料胶布密封严实，才可起运。路上不要停留，尽快赶到目的地，放到冰箱中，避免疫苗解冻，或尽快使用。

2. 长途运输

需要有专用冷藏库才可进行长途运输，路上还应时常检查冷藏设备的运转情况，以确保运输安全；若用飞机托运，更应注意冷藏，要用一定强度和硬度的保温箱来保温冷藏，到达后，注意检查有无破损、冰块融化、疫苗解冻等现象，如无，应立即入库冷藏。

（三）疫苗的使用

1. 疫苗准备

（1）把疫苗从冰箱中取出时，应注意冰箱的温度，是否在规定的2~8℃（正常时冰箱中应备有温度计）。

（2）逐瓶核对疫苗的名称、生产批号和生产日期。

（3）把疫苗放入已经备好冰块的糠醛箱内。

（4）在每瓶疫苗开启之前，需要再次核对疫苗的名称及生产日期等。

2. 疫苗预温

油乳剂疫苗在使用前需要进行预温。预温在注射操作、效力发挥、疫苗反应方面起着重要的作用。油乳剂疫苗需2~8℃保存，在此保存条件下，油乳剂疫苗自身的温度与鸡体温度之间的温差悬殊，若不预温或预温不完全直接使用会引发冷应激。鸡群注射完疫苗后精神萎靡，大部分鸡只缩脖趴着不动，6~8小时才能逐渐恢复饮水采食，小日龄鸡更加明显；油乳剂疫苗温度低注射入体内后扩散慢，严重的会在注射部位形成游离的肿块；油乳剂疫苗温度低油苗黏度增大，注射时相对吃力。所以禽用油乳剂灭活疫苗必须预温到25~30℃方能使用。

油乳剂疫苗预温的方法主要有自然回温和辅助回温两种，方法相对简单，但许多细节却易被忽视，造成预温不完全，下面就不同方法操作细节介绍如下。

（1）自然回温。

① 鸡舍内回温。油乳剂疫苗提前 2~3 小时从 2~8℃冰箱取出放入鸡舍内缓慢回温。适用于育雏期间小日龄鸡群，舍内温度较高时使用，通过热传递使苗温与舍温一致达到 25~30℃，如 7 日龄免疫的新流法油乳剂灭活疫苗、15 日龄免疫的禽流感 H5 亚型油乳剂灭活疫苗均可采用此法，简单易操作。

② 室温回温。当室温在 25~30℃范围内时，将油乳剂疫苗提前 2~3 小时从 2~8℃冰箱取出放入室内，在足够的时间下通过热传递使油苗温度回升至室温。室温低于 25℃预温效果不充分，需用舍内预温或设备辅助预温。

③ 注意事项。自然回温需要足够的预温时间，应提前 2~3 小时将油乳剂疫苗从 2~8℃冰箱取出放入鸡舍或室内，最少不低于 2 小时，放入舍内后将保温箱打开或将油乳剂疫苗从保温箱中取出摆放整齐，期间将油乳剂疫苗摇晃 2~3 次，确保瓶内温度均匀；油乳剂疫苗摆放在远离火源、鸡、儿童接触不到的位置，避免阳光直射；在该时间范围内自然回温对油乳剂疫苗的效价、效力不会有影响。

（2）辅助预温。

① 温水预温（图 4–1）。借用水盆、水桶、疫苗保温箱等易取容

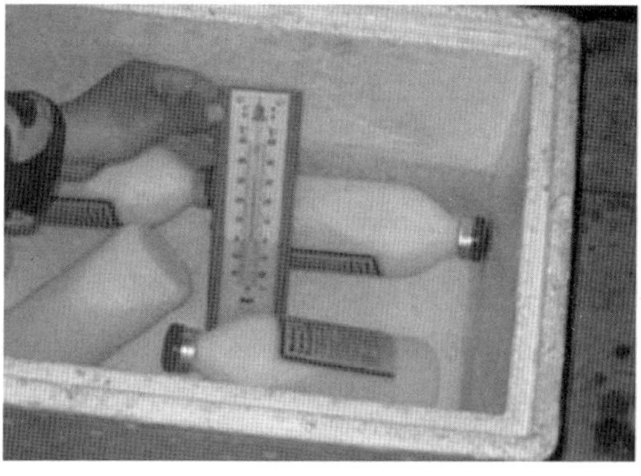

图 4–1 疫苗预温

器加入35~40℃温水，将油苗放入温水中，液面没及疫苗瓶。期间注意水温变化，温度下降后及时补充温水，维持水温在35~40℃，同时摇晃疫苗2~3次，确保苗温均匀。预温时间不低于1小时。疫苗预温不能流于形式，确保预温效果。

② 水浴锅预温。适用于1日龄孵化场内操作。将油苗放入专用水浴锅内，控制水温在35~40℃，维持1小时，苗温可充分回温至30℃。

（3）注意事项。保证足够的水温和液面深度，确保疫苗没入温水中；温度不能高于45℃或时间太长，否则可能会因为油苗受热膨胀鼓开瓶塞。

二、常用免疫接种方法

蛋鸡疫苗的接种方法一般有点眼、滴鼻、饮水、注射、刺种、气雾等，具体采用什么方法，应根据疫苗的类型、疫苗的特点及免疫程序来选择每次免疫的接种方法。

一般来讲，灭活疫苗也就是俗称的死苗，不能经消化道接种，一般用肌内或皮下注射，疫苗可被机体缓慢吸收，维持较长时间的抗体水平。点眼、滴鼻免疫效果较好，一般用于接种弱毒疫苗，疫苗抗原可直接刺激眼底哈德氏腺和结膜下弥散淋巴组织，另外还能刺激鼻、咽、口腔黏膜和扁桃体等，即可在局部形成坚实的屏障，又能激发全身的免疫系统，而这些部位又是许多病原的感染部位，因而局部免疫非常重要。在新城疫免疫后，点眼和滴鼻产生的抗体效果比饮水接种高4倍，而且免疫期也长，但该方法对大群鸡免疫比较烦琐。

（一）肌内注射法

将稀释后的疫苗，用注射针注射在鸡腿、胸或翅膀肌肉内（图4–2）。注射腿部应选在腿外侧无血管处，顺着腿骨方向刺入，避免刺伤血管神经；注射胸部应将针头顺着胸骨方向，选中部并倾斜30°刺入，防止垂直刺入伤及内脏；2月龄以上的鸡可注射翅膀肌肉，要选在翅膀根部肌肉多的地方注射。此法适合新城疫I系疫苗、油苗及禽霍乱弱毒苗或灭活苗。

要确保疫苗被注射到鸡的肌肉中，而不是羽毛中间、腹腔或是肝

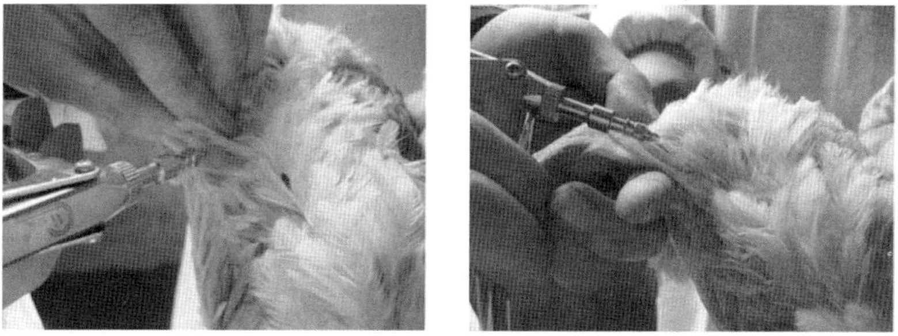

a. 胸部肌内注射　　b. 大腿外侧肌内注射

图 4-2　肌内注射法

脏。有些疫苗，比如细菌苗通常建议皮下注射。

（二）皮下注射法

将疫苗稀释，捏起鸡颈部皮肤刺入皮下（图 4-3），防止伤及鸡颈部血管、神经。此法适合鸡马立克疫苗接种。

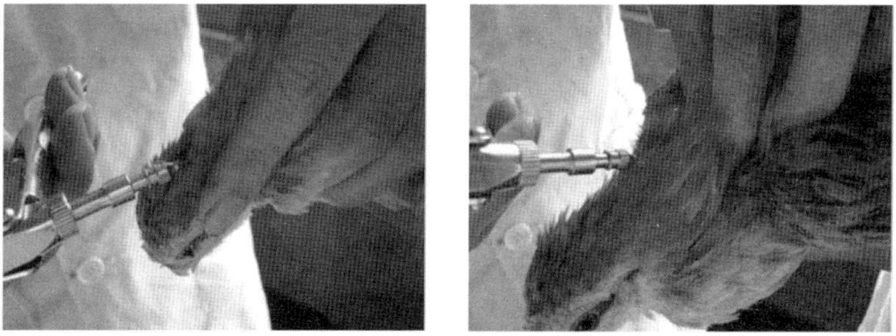

a. 颈部皮下注射法　　b. 双翅间皮下注射

图 4-3　皮下注射法

注射前，操作人员要对注射器进行常规检查和调试，每天使用完毕后要用 75% 的酒精对注射器进行全面的擦拭消毒。注射操作的控制重点为检查注射部位是否正确，注射渗漏情况、出血情况和注射速度等。同时也要经常检查针头情况，建议每注射 500~1 000 羽更换一次针头。注射用灭活疫苗须在注射前 5~10 小时取出，使其慢慢升至室温，操作时注意随时摇动。要控制好注射免疫的速度，速度过快，容易造成注射部位不准确，油苗渗漏比例增加，但如果速度过慢也会影响到整体的免疫进度。另外，针头粗细也会对注射结果产生影响，针头过粗，对颈部组织损伤的概率增大，免疫后出血的概率也就越大。针头太细，注射器在推射疫苗过程中阻力增大，疫苗注射到颈部皮下的位置与针孔位置太近，渗漏的比例会增加。

（三）滴鼻点眼法

将疫苗稀释摇匀，用标准滴管各在鸡眼、鼻孔滴一滴（约 0.05 毫升），让疫苗从鸡气管吸入肺内、渗入眼中（图 4-4）。此法适合雏鸡的新城疫Ⅱ、新城疫Ⅲ、新城疫Ⅳ系疫苗和传支、传喉等弱毒疫苗的接种，它使鸡苗接种均匀、免疫效果较好，是弱毒苗的最佳方法。

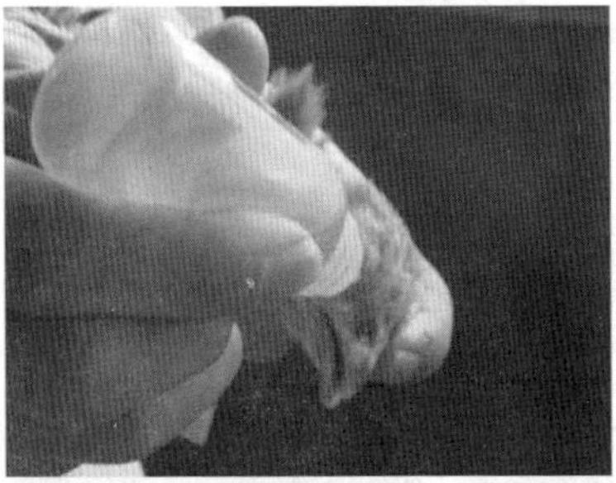

a. 滴鼻

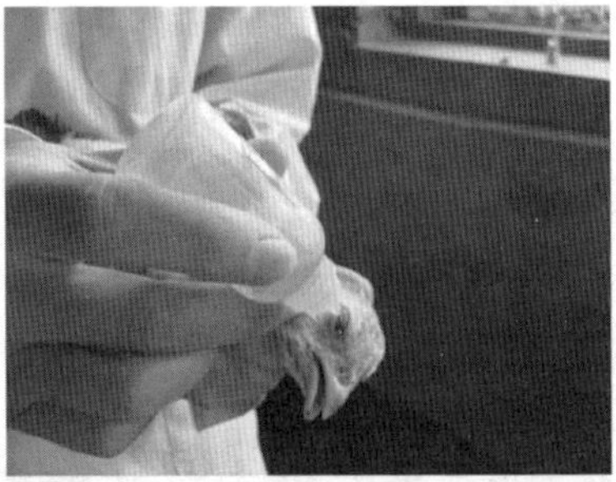

b. 点眼

图 4-4　滴鼻点眼法

点眼通常是最有效的接种活性呼吸道病毒疫苗的方法。点眼免疫时，疫苗可以直接刺激鸡眼部的重要免疫器官——哈德氏腺，从而可以快速地激发局部免疫反应。疫苗还可以从眼部进入气管和鼻腔，刺激呼吸道黏膜组织产生局部细胞免疫和 IgA 等抗体。但此种免疫方法对免疫操作要求比较细致，如要求疫苗滴入鸡眼内并吸收后才能放开鸡。判断点眼免疫是否成功的一种有效方法就是在疫苗液中加入蓝色染料，在免疫后 10 分钟检查鸡的舌根，如果点眼免疫成功，则鸡的舌根会被蓝色染料染成蓝色。

（四）刺种法

将疫苗稀释，充分摇匀，用蘸笔或接种针蘸取疫苗，在鸡翅膀内侧无血管处刺种（图4–5）。需3天后检查刺种部位，若有小肿块或红斑则表示接种成功，否则需重新刺种。该方法通常用于接种鸡痘疫苗或鸡痘与脑脊髓炎二联苗，接种部位多为翅膀下的皮肤。

图4–5 刺种法

翼膜刺种鸡痘疫苗时，要避开翅静脉，并且在免疫7~10日后检查“出痘”情况以防漏免。接种后要对所有的疫苗瓶和鸡舍内的刺种器具做好清理工作，防止鸡只的眼睛或嘴接触疫苗而导致这些器官出现损伤。

（五）饮水免疫

饮水免疫前，先将饮水器挪到高处（图4–6），控水2小时；疫苗配制好之后，加到饮水器里，在2小时内让每只鸡都能喝到足够的含有疫苗的水（图4–7）。

饮水免疫注意事项如下。

（1）在饮水免疫前2~3小时停止供水，因鸡口渴，在开始饮水免疫后，鸡会很快饮完含有疫苗的水。若不能在2小时内饮完含有疫苗的水，疫苗将会开始失效。

图 4-6　饮水器挪到高处

图 4-7　雏鸡在喝疫苗水

（2）贮备足够的疫苗溶液。

（3）使用稳定剂，不仅可以保护活疫苗，同时还含有特别的颜色。稳定剂包含：蛋白胨、脱脂奶粉和特殊的颜料。这样，您可以知道所有的疫苗溶液全部被鸡饮用。

（4）使用自动化饮水系统的鸡舍，需要检查并确定疫苗溶液能够达到鸡舍的最后部，以保证所有的鸡都能获得饮水免疫。

（六）喷雾免疫

喷雾免疫（图 4-8）是操作最方便的免疫方法，局部免疫效果好，抗体上升快、高、均匀度好。但喷雾免疫对喷雾器的要求比较高，如 1 日龄雏鸡采用喷雾免疫时必须保证喷雾雾滴直径在 100~150

图 4-8　喷雾免疫法

微米，否则雾滴过小会进入雏鸡肺内引起严重的呼吸道反应。而且喷雾免疫对所用疫苗也有比较高的要求，否则喷雾免疫的副反应会比较严重。实施喷雾免疫操作前应重点对喷雾器进行详细检查，喷雾操作结束后要对机器进行彻底清洗消毒，而在下一次使用前应用蒸馏水对上述消毒后的部件反复多次冲洗，以免残留的酒精影响疫苗质量，同时也要加强对喷雾器的日常维护。喷雾免疫当天停止带鸡消毒，免疫前一天必须做好带鸡消毒工作，以净化鸡舍环境，提高免疫效果。

（七）免疫操作注意事项

（1）注意疫苗稀释的方法。冻干苗的瓶盖是高压盖子，稀释的方法是先用注射器将 5 毫升左右的稀释液缓缓注入瓶内，待瓶内疫苗溶解后再打开瓶塞倒入水中。避免真空的冻干苗瓶盖突然打开使部分病毒受到冲击而灭活。

（2）免疫接种仅接种于健康鸡群，在恶劣气候条件下不应该接种。为了减轻免疫期间对鸡只造成的应激，可在免疫前 2 天给予电解多维和其他抗应激的药物。

（3）使用疫苗时，一定要认清疫苗的种类、使用对象和方法，尤其是活毒疫苗。使用方法错误不仅会造成严重的不良反应，甚至还会造成病毒扩散的严重后果。对于在本地区未发生过的疫病，不要轻易接种该病的活疫苗。活疫苗与灭活疫苗的特征比较见表 4–1。

表 4–1 活疫苗与灭活疫苗的特征比较

活疫苗	灭活疫苗
出现较多的全身反应（疫苗接种反应）	出现较少的全身反应（疫苗接种反应）
不良疫苗毒株会扩散导致毒力返强	不会扩散到易感鸡群
免疫保护期短	免疫保护期长
接种方法较多，如喷雾 / 饮水免疫	接种方法少，肌内或皮下注射
鸡群的免疫反应较不一致	鸡群的免疫反应一致
存在病毒传播的可能性	不存在病毒传播，也不会出现毒力返强
贮存条件要求高	贮存条件要求不高
不同活疫苗之间可能发生干扰	不同灭活疫苗之间不会发生干扰

（续表）

活疫苗	灭活疫苗
接种后较快产生免疫保护效果	接种后产生保护效果需时长
产生较好的局部和细胞免疫	仅产生高水平的血清抗体

（4）免疫过后，要及时把所有器具清理洗刷干净，防止对环境和器具造成污染，同时也防止油乳剂疫苗变质影响器具下次使用。

三、疫苗使用注意事项

1. 要按照科学的免疫程序选用相应的疫苗

购进疫苗时，要选用规模大、信誉好、有质量保证的厂家的疫苗，并注意查看生产日期和保质期。针对某些疾病需选择特制疫苗，比如大肠杆菌，H9 型禽流感，在应用时应该选择针对本地区流行毒株生产的疫苗，使用疫苗毒株与流行毒株一致，就能取得良好的防制效果。

使用疫苗时，还要注意疫苗是弱毒还是中毒疫苗。如新城疫、法氏囊疫苗在首免时一般选用弱毒苗，在二免和三免时选用中毒疫苗进行加强免疫，否则会引起明显的临床反应。

2. 在鸡群保持健康状态下接种疫苗

必须在鸡群保持健康状态下接种疫苗，鸡群健康状况不好，正在发病或不健康的鸡群暂缓使用或停止接种。

3. 使用前检查

使用疫苗前逐瓶检查，注意疫苗瓶有无破损，封口是否严密，瓶签上有关药品的名称、有效日期、剂量、保存温度等记载是否清楚，并记下疫苗批号和检验号，若出现问题便于追查。

4. 紧急免疫接种

紧急免疫接种时，必须是早发现、早确诊才可进行。接种时，应先隔离发病鸡，对假定健康鸡接种后要注意其表现情况。

5. 接种后加强管理

接种后一段时间必须加强饲养管理，减少应激因素，防止病原乘

隙侵入引起免疫失败。

6. 免疫接种过程中的注意事项

（1）提前聘请专业免疫人员进行免疫接种。由于规模化养殖场饲养规模大、存栏数量多，又实行全进全出制，所以要求聘请专业人员在短时间内进行高质量免疫接种，降低对鸡群的应激。

（2）提前准备好免疫接种所需要的各种工具，并进行彻底消毒后方可带入舍内使用。包括分隔鸡群用的塑料筐、隔栏网、围栏布、矮凳等用消毒液浸泡晒干后使用；注射器、针头、滴瓶等用开水冲刷，先用温水浸泡再用开水涮洗，防止过热炸裂；接触疫苗的免疫器械禁止接触任何化学消毒剂；免疫接种前一天、免疫当天、免疫后一天禁止带鸡消毒。

（3）免疫前一天晚上、免疫当天、免疫后一天，饮水中添加优质电解多维和维生素 A、维生素 D_3、维生素 E，提高抗应激的能力。如果是饮水免疫，要提前限制饮水，以便疫苗在短时间内均匀饮完。另外，免疫前一天及免疫当天饮水中添加转移因子，可提高免疫效果，降低免疫应激引起的呼吸道疾病。

（4）免疫前将鸡舍温度升高 1~2℃，可增加免疫效果，减少免疫应激带来的不适。

（5）免疫人员进入鸡舍前，必须更换与平时饲养员一样的工作服和鞋子，消毒液洗手并用清水冲洗干净，方可入舍。告知免疫人员注意舍内饲养设备及生产工具。

（6）免疫人员赶鸡时不可过于粗暴，要手拿塑料袋或小笤帚轻轻摇动，不可弄出太大的响声，不准脚踢料线，减少对鸡只的惊吓。隔栏网圈面积不可太小，防止鸡多拥挤，以免热死或压死。网圈好鸡后注意查看，防止小鸡落下或乱跑，造成漏免或重免。

（7）免疫过程中注意淘汰残弱鸡只，单独盛放，免疫完后统一转移处理。

（8）免疫结束后，所有免疫使用的工具必须全部带出鸡舍，所有疫苗包装、疫苗瓶子全部收集起来，不可落在舍内，统一焚烧处理，防止毒株强化，引发疾病。舍内料线、水线重新调整到合适高度。

（9）针对假母鸡的发生，可以采取 1 日传染性支气管炎弱毒疫苗

Ma5 喷雾免疫的方法来控制传染性支气管炎的早期感染。

四、制定免疫程序的依据

免疫程序的制定要因地而异、因季节而异。适合自家养殖场的免疫程序才是最好的免疫程序，所以制定免疫程序时要结合养殖场的发病史、养殖场所在地的疫病流行情况以及所处季节的疾病流行情况，参考常规免疫程序，灵活制定。

多数蛋鸡养殖场（户）所采用的免疫程序，大都是参照科技书刊编制或由供应商直接提供的。但是，由于每个地方疫病的流行情况不同，免疫程序也不尽相似，必须根据各地的实际情况和需要，全盘考虑，统筹兼顾。

（一）鸡场及周围疫病流行情况

当地鸡病的流行情况、危害程度、鸡场疫病的流行病史、发病特点、多发日龄、流行季节、鸡场间的安全距离等都是制定和设计免疫程序时需要综合考虑的因素，如传染性法氏囊病多发病于 3~5 周龄等。

（二）免疫后产生保护所需时间及保护期

疫苗免疫后因疫苗种类、类型、接种途径、毒力、免疫次数、鸡群的应激状态等不同而产生免疫保护所需时间及免疫保护期差异很大，如新城疫灭活苗注射后需 15 天后才具有保护力，免疫期为 6 个月。虽然抗体的衰减速度因管理水平、环境的污染差异而不同，但盲目过频的免疫或仅免疫一次以及超过免疫保护期长时间不补免都是很危险的。

（三）疫苗毒力和类型

很多免疫程序只列出应免疫的疫病名称，而没有写出具体的疫苗类型。疫苗有多种分类方法，就同一种疫病的疫苗来说，可有中毒、弱毒、灭活苗之分；同时又有单价和多价之别。每类疫苗免疫以后产生免疫保护所需的时间、免疫保护期、对机体的毒副作用是不同的：一般而言，毒力强毒副作用大，免疫后产生免疫保护需要的时间短而免疫保护期长；毒力弱则相反；灭活苗免疫后产生免疫保护需要的时间最长，但免疫后能获得较整齐的抗体滴度水平。

（四）免疫干扰和免疫抑制因素

多种疫苗同时免疫，或一种疫苗免疫后由于对免疫器官的损伤从而影响其他疫苗的免疫效果。如新城疫单苗和传染性支气管炎单苗同时使用会相互干扰而影响免疫效果；中等毒力法氏囊疫苗免疫后，由于对法氏囊的损伤从而影响其他疫苗的免疫效果。因此，在没有弄清是否有干扰存在情况下，两种疫苗的免疫时间最好间隔 5~7 天。

（五）母源抗体的水平及干扰

母源抗体在保护机体免受侵害的同时也影响免疫抗体的产生，从而影响免疫效果。在母源抗体有保证的情况下，鸡新城疫的首免一般选在 9~10 日龄，法氏囊首免宜在 14~16 日龄。

（六）鸡群健康和用药情况

在饲养过程中，预先制定好的免疫程序也不是一成不变的，而是要根据抗体监测结果和鸡群健康状况及用药情况随时进行调整；抗体监测可以查明鸡群的免疫状况，指导免疫程序的设计和调整。

对发病鸡群，不应进行免疫，以免加剧免疫接种后的反应，但发病时的紧急免疫接种则另当别论；有些药物能抑制机体的免疫，所以在免疫前后尽量不要使用抗生素。

（七）饲养管理水平

在不同的饲养管理方式下，疫病发生的情况及免疫程序的实施也有所差异，在先进的饲养管理方式下，鸡群一般不易遭受强毒的攻击；在落后的饲养管理水平下，鸡群与病原接触的机会较多，同时免疫程序的实施不一定得到彻底落实，此时，对免疫程序的设计就应考虑周全，以使免疫程序更好地发挥作用。

五、蛋鸡常用疫苗

（一）马立克氏病疫苗

马立克氏病疫苗是世界上第一种有效的动物癌症疫苗，对防制马立克氏病起关键作用。有两种类型的弱毒疫苗：一种为病毒与细胞结合的疫苗如 SB1 苗、814 苗，保存条件要求严格，需液氮保存；另一种为病毒脱离细胞的火鸡疱疹病毒疫苗，可以冻干，保存较易，使用广泛，但对超强毒马立克氏病毒的感染预防效果差。对于马立克氏病毒流行地区应使用二价苗或多价苗。

（二）鸡新城疫疫苗

目前我国生产的鸡新城疫疫苗有 I、II、III、IV 等 4 个品系。

中等毒力的疫苗包括 H 株、Roakin 株、Mukteswar 株和 Komorov 株等，我国主要使用 Mukteswar 株（即 I 系）。

I 系疫苗使用后免疫产生快，一般注苗后 3 天产生免疫力，免疫持续时间长，免疫期为 1~1.5 年，保护力强。主要应用于有基础免疫的鸡群作加强免疫，I 系疫苗多采用注射或刺种方法接种，也可采用饮水和气雾免疫 I 系注苗后应激较大，对产蛋高峰鸡群有一定影响。由于 I 系使用后存在毒力返强和散毒的危险性，易使鸡群隐性感染，发生慢性新城疫，养鸡场要长期控制好新城疫，应慎用 IV 系。

弱毒疫苗包括Ⅱ系（B1 株）、Ⅲ系（ F 株）、IV 系（Lasota 株）、V4 和克隆株等。

Ⅱ系疫苗安全，使用后无临床反应，适用于各种年龄鸡只免疫，特别是雏鸡免疫，接种后 6~9 天产生免疫力，免疫期 3 个月以上，但因多种因素影响，免疫期常达不到 3 个月。本疫苗可用滴鼻、点眼、饮水、气雾等方法免疫。Ⅱ系苗免疫原性较差，不能克服母源抗体的干扰，保护力不强，如遇强毒感染，对鸡群不能完全保护。据报道，在新城疫强毒流行的地区，1 月龄雏鸡用Ⅱ系苗免疫其保护率仅为 10%。

Ⅲ系疫苗其特点与Ⅱ系相似，主要用于雏鸡免疫，其免疫途径为滴鼻、点眼、饮水、气雾和肌内注射，但可引起一过性的轻微呼吸道症状。

IV 系疫苗毒力较 II 系、III 系强，因其免疫原性好，可以突破母源抗体，抗体效价高，适用于各种年龄鸡只的免疫，目前世界各国广泛应用于雏鸡免疫。通常采用滴鼻点眼，饮水方式免疫，也可用作气雾免疫。由于其本身仍有一定的病原性，首免不能采用气雾免疫，否则会导致上呼吸道敏感细胞的病理损伤，增加病原菌的继发感染。对慢性呼吸道疾病存在的鸡群，采用气雾免疫易激发慢性呼吸道疾病的暴发。

V4（耐高温株）具有良好的安全性、免疫原性和耐热性，可常温保存，在22~30℃环境下保存60天其活性和效价不变。V4苗可以通过饮水、滴鼻、肌内注射等方式免疫。V4苗还具有自然传播性，能通过自然途径免疫在鸡群中迅速传播，产生的血清抗体较高，具备抵抗强毒攻击的能力，是防制ND的理想弱毒株。V4苗因使用效果较好，使用安全方便，目前在国外广泛应用，国内应用相对较少。

目前市售的克隆株疫苗主要有进口的Clone-30、N-29和国产的Clone-83、N-88等几种，其中Clone-30应用较广。Clone-30毒力低，安全性高，免疫原性强，不受母源抗体干扰，可用于任何日龄鸡。一般进行滴鼻、点眼、肌内注射，免疫后7~9天即可产生免疫力，免疫持续期达5个月以上。

灭活疫苗来源于感染性尿囊液，用β-丙内脂或福尔马林杀灭病毒后再用氢氧化铝胶吸附，或制成灭活油佐剂疫苗，目前以油乳剂灭活苗应用较多。

油乳剂灭活苗不含活的病毒，使用安全，且经加入油佐剂后免疫原性显著增强，受母源抗体干扰较少，能诱发机体产生坚强而持久的免疫力。一般接种后10~14天产生免疫力，免疫后产生的抗体高于活疫苗且维持时间长。由于油乳剂灭活苗成本较高，必须通过注射方法（皮下或肌内注射）免疫接种，故在使用上受到一定限制。但其使用方便，可以在常温下运输和保存，且安全可靠，免疫期长，目前应用越来越普遍。

（三）传染性法氏囊病疫苗

可分为弱毒苗、中等毒力疫苗和灭活苗3类。弱毒苗安全性好但效力稍差，中等毒力疫苗效力稍好，主要用于法氏囊病严重地区。灭活苗效果好免疫期长主要用于种鸡、蛋鸡。还有法氏囊病卵黄抗体主要用于紧急预防接种及治疗。

（四）传染性支气管炎疫苗

活苗有H120苗，用于雏鸡，H52苗毒力稍强，用于加强免疫。由于传染性支气管炎病毒血清型复杂，变异性较大，经常有新的血清型出现，所以可以选用当地流行毒株制造灭活苗或用多种毒株制造多价苗。

（五）鸡痘鹌鹑化弱毒疫苗

6 日龄以上雏鸡及育成鸡可应用。在鸡翅内无血管处刺种或皮下注射。常用于鸡痘苗的刺种。刺种方法：1 000 羽份疫苗加 8~10 毫升灭菌生理盐水，用鸡痘刺种针蘸取稀释液的疫苗在翅膀内侧无血管处刺种。20~30 天雏鸡刺种 1 针，1 月龄以上鸡刺种 2 针，6~20 天鸡用稀释一倍的疫苗刺种一针。免疫有效期，成鸡 5 个月，出生雏鸡 2 个月，后备鸡可于雏鸡免疫 2 个月后进行二免。刺种后的结痂可在 2~3 周后自行脱落。

（六）联苗

为了减少注射次数联苗的应用有增多的趋势。养鸡场可根据实际情况酌情选用。

第三节　粪污的无害化处理和综合利用

随着蛋鸡养殖业的发展，产生了大量的鸡粪。如果不能进行有效的无害化处理，不仅污染环境，也影响蛋鸡养殖业的可持续发展。因此，如何对畜禽粪便进行无害化处理，资源化利用，防止和消除养殖场畜禽粪便的污染，对于保护生态环境，推动蛋鸡业可持续发展和增强中国农产品市场竞争力具有十分重要的意义，是当今养殖业必须妥善解决的一项重要任务。

一、鸡粪对我国环境的影响

（一）鸡粪的主要成分和产量

1. 鸡粪的主要成分

由于鸡饲料的营养浓度高，而鸡无牙咀嚼且消化道短，消化能力有限，对饲料的消化吸收率低，有 40%~70% 未被吸收的营养物随鸡粪排出体外。因而在鸡粪中含有大量未被鸡消化吸收、而又可以被其他动植物所利用的营养成分，尤其是雏鸡粪含量更高。鸡粪中粗蛋白质的含量也是常规饲料的 2 倍多。鸡粪中各种必需氨基酸齐全，还含有钙、磷、铜、铁、锰、锌、镁等丰富的矿物质元素和氮、磷、钾等主要植物养分。

2. 鸡粪的产量

鸡粪由饲料中未被消化吸收的部分以及体内代谢产物、消化道黏膜脱落物和分泌物、肠道微生物及其分解产物等共同组成的。在实际生产中收集到的鸡粪中还含有在喂料及鸡采食时撒落的饲料、脱落的羽毛和破蛋等，而在采用地面垫料平养时，收集到的则是鸡粪与垫料的混合物。随着养鸡业特别是规模化、工厂化养鸡业的发展，鸡粪生产的数量十分可观。据测定，一个饲养10万只鸡的工厂化蛋鸡场，日产鸡粪可达10吨，年产鸡粪3 600多吨。据联合国粮农组织20世纪80年代估测，全世界仅鸡粪每年总量就达460亿吨。

（二）鸡粪对环境的污染

1. 污染水源

鸡粪便中危害水质的污染物主要有4种，即氮、磷、有机物和病原体。这些物质污染水源的方式主要有粪便中的有机质腐败造成污染、磷的富营养化作用及生物病菌的污染等。鸡粪便不仅可以污染地表水，其有毒、有害成分还易渗入地下水中，严重污染地下水。它可使地下水溶解氧含量减少，水质中有毒成分增多，严重时使水体发黑、变臭、失去价值。更为严重的是鸡粪便一旦污染地下水，极难治理和恢复，从而造成持久性的污染。严重影响人畜健康及畜禽养殖业的可持续发展。

2. 污染空气

粪便堆放期间，在微生物的作用下。其中的有机物会被分解而产生一些气体如氨气、硫化氢、甲硫醇、乙醛、粪臭素等，空气中这些有害气体含量达到一定浓度时会对附近的人和动物产生有害影响。据估计，一个存栏3万只的蛋鸡场每天向空气中排放的氨气达1.8千克以上。在比较干燥的情况下，粪层表面的干燥物被风吹动会大量进入空气中，使空气中灰尘浓度明显增大，这对鸡群的呼吸系统会产生不良刺激，能诱发某些疾病。灰尘上面附着的微生物会随着空气的流动而四处扩散，是引起疾病的潜在因素。

3. 粪便中病原菌污染

鸡粪中含有大量的有害微生物、致病菌、寄生虫及寄生虫卵等有害物质。鸡养殖场排放污水平均每毫升含有33万个大肠杆菌和69万个大肠球菌；每 1 000 毫升沉淀池污水中含有 190 多个蛔虫卵和 100 多个线虫卵。随意堆放的鸡粪不仅对养殖场内的鸡有影响，而且对周边的环境也造成很大的影响，严重的能造成灾难性的后果。有些病原菌也是人类传染病的病原菌，粪便和排泄物中的病原菌通过土壤、水体、大气及农畜产品来传染疾病。

4. 污染土壤

鸡粪便中含有大量的钠盐和钾盐，如果直接用于农田，过量的钠和钾通过反聚作用而造成某些土壤的微孔减少，使土壤的通透性降低，破坏土壤结构，而且过量的氮，磷将会通过土壤渗入地下，污染地下水。另外，鸡粪便中大量的病原微生物和寄生虫虫卵，也将通过污染水源及粉尘等方式危害养殖场及周围人群。我国畜禽养殖业养分转化率很低，氮效率为 12.79%，磷效率为 4.9%。它不但造成了营养资源的浪费，同时造成了环境中氮、磷污染，从而污染土壤。

（三）鸡粪造成的问题

1. 环境污染是疾病发生的温床

鸡粪所造成的环境污染是导致当前养鸡生产中疾病广泛流行而且难以控制的根本原因。据有关资料报道，我国各种类型的养鸡场每年因为鸡病而死亡的鸡只数量约有 2 亿只，带来的经济损失在 10 亿元以上，如果加上因为疾病所导致的生产性能降低、治疗鸡病的费用等项则总的损失每年可达上百亿元。

2. 环境污染是鸡产品污染的根源

由于鸡粪的无害化处理工作跟不上，鸡粪对环境造成的污染问题日益严重，在这种被微生物和化学物质污染的环境中生活的鸡群，其健康随时会受到威胁。在国内，尤其是养鸡生产比较集中地区的许多养鸡场（户）的生产中，无论哪个环节疾病似乎都是难以避免的。如果有一段时期不使用药物就可能出现鸡群发病，这就成了养鸡者经常使用抗菌药物的主要原因，也是无奈的措施。随着药物经常性使用，微生物的耐药性不断增强，为了防治疾病，药物的用量逐步加大，药物在鸡体内的转化积累必将导致鸡蛋中药物的残留。这种不用药物就养不好鸡、有了药物就出现药物残留的情况就形成了一种恶性循环，究其根源就在于养鸡环境的污染问题没有得到有效解决。

二、鸡粪的无害化处理

（一）鸡粪加工处理的基本要求

首先，鸡粪产品应当是便于贮存和运输的商品化产品，应当经过干燥处理。其次，必须杀虫灭菌，符合卫生标准，而且没有难闻的气味。还应当尽可能地保存鸡粪的营养价值。最后，在鸡粪加工处理过程中不能造成二次污染。

（二）脱水干燥处理

1. 高温快速干燥

采用以回转筒烘干炉为代表的高温快速干燥设备，可在短时间（10分钟左右）将含水率达 70% 的湿鸡粪迅速干燥至含水仅 10%~15% 的鸡粪加工品。采用的烘干温度依机器类型不同有所区别，主要在 300~900℃。在加工干燥过程中，还可做到彻底杀灭病原体，消除臭味，鸡粪营养损失也比较小。

2. 太阳能自然干燥处理

这种处理方法是采用塑料大棚中形成的“温室效应”，充分利用太阳能来对鸡粪作干燥处理。专用的塑料大棚长度可达 60~90 米，内有混凝土槽，两侧为导轨，在导轨上安装有搅拌装置。湿鸡粪装入混凝土槽，搅拌装置沿着导轨在大棚内反复行走，并通过搅拌板的正方向转动来捣碎、翻动和推送鸡粪。利用大棚内积蓄的太阳能使鸡粪中的水分蒸发出来，并通过强制通风排除大棚内的湿气，从而达到干燥鸡粪的目的。

3. 笼舍内自然干燥

在国外最近推出的新型笼养设备中，都配置了笼内鸡粪干燥装置，适用于多层重叠式笼具。在这种饲养方式中，每层笼下面均有一条传送带承接鸡粪，并通过定时开动传送带来刮取收集鸡粪。这种鸡粪干燥处理方法的核心就是直接将气流引向传送带上的鸡粪，使鸡粪在产出后得以迅速干燥。为了实现这一目标，有几种不同的处理工艺。最常见的一种工艺是在每列笼子的侧后方装上一排小风管，风管上有许多小孔，可将空气直接吹到传送带的鸡粪上，起到自然干燥的作用。第二种工艺是将各层的传送带都升到一个水平面上，进入一个强制通风巷道，风机连续工作，对传送带上鸡粪进行自然干燥。第三种工艺是在传送带上方装上许多塑料板，通过这些板的运动形成局部气流，以干燥鸡粪。但这种方法的干燥效率比前两种方法要差一些，处理后鸡粪含水率仍有 45% 左右。

（三）发酵处理

现常用的是充氧动态发酵法。该方法是在适宜的温度、湿度以及供氧充足的条件下，好气菌迅速繁殖，将鸡粪中的有机物质大量分解成易消化吸收的形式，同时释放出硫化氢、氨等气体。在 45~55℃下处理 12 小时左右，可获得除臭、灭菌的优质有机肥料和再生饲料。现已开发利用的充氧动态发酵机采用“横卧式搅拌釜”结构，在处理前，要使鸡粪的含水率降至 45% 左右，再在鸡粪中加入少量辅料（粮食），以及发酵菌。这些配料混合后投入发酵罐，由搅拌器翻动，使发酵机内温度始终保持在 45~55℃。同时向机内充入大量空气，供给好气菌活动的需要，并使发酵产出的氨、硫化氢废气和水分随气流排出。充氧动态发酵的优点是发酵效率高、速度快，可以比较彻底地杀灭鸡粪中的有害病原体。由于时间短，鸡粪中营养成分的损失少，利用率高。

（四）其他处理方法

1. 微波处理

微波具有热效应和非热效应。其热效应是由物料中极性分子在超高频外电场作用下产生运动而形成的，因而受作用的物料内外同时产热，不需要加热过程。因此，整个加热过程比常规加热方法要快数十倍甚至数百倍。其非热效应是指在微波作用过程中可使蛋白质变性，因而可达到杀菌灭虫的效果。

2. 热喷处理器

热喷处理是将预干至含水 25%~40% 的鸡粪装入压力容器（特制）中，密封后由锅炉向压力容器内输送高压水蒸气，120~140℃下保持压力 10 分钟左右，在然后突然将容器内压力减至常压喷放，即得热喷鸡粪饲料。这种方法的特点是，加工后的鸡粪杀虫、灭菌、除臭的效果较好，而且鸡粪有机物的消化率可提高 13.4%~20.9%。但是这一方法要求先将鸡粪作预干燥，而且在热喷处理过程中因水蒸气的作用，使鸡粪含水量不但没有降低，反而有所增加，未能解决鸡粪干燥的问题，从而使其应用带亦一定局限性。

三、鸡粪的应用

（一）鸡粪用作饲料

1. 鸡粪用作饲料

鸡粪经加工用作饲料，在日粮中添加一定比例，可以节约饲料，降低饲料成本。鸡粪的营养价值随鸡饲料、鸡种、年龄、饲养管理、鸡粪处理等不同而发生变化。鸡粪中粗蛋白质含量比较高，如用它作反刍动物饲料则其蛋白质营养成分能充分利用。目前，主要是采用快速烘干法，用这种方法可以将排出的大量湿鸡粪及时进行烘干、避免了污染、减少了堆放场所，便于贮存、运输、出售，及时烘干的鲜鸡粪也可以用于再生饲料。鸡粪晒干后，可以养花、喂鱼和种蘑菇，用途很多。

2. 用鸡粪作饲料的注意事项

用鸡粪作产蛋鸡饲料时，一定要补加磷，因为鸡粪中钙磷比例失调；干鸡粪中基本不含淀粉类物质，能量较低，在配料时加入富含淀粉和油脂的饲料；鸡粪作饲料时不宜贮存，应随喂随制，一般不能超过 1 周；鸡粪作饲料饲喂效果顺序为：羊 > 牛 > 鱼 > 猪 > 兔 > 鸡，鸡粪用作反刍动物的饲料效果较好。新生动物饲喂鸡粪时，饲料中鸡粪的比例应当随动物的增长逐渐增加。

（二）鸡粪用作肥料

鸡粪便是优质的有机肥料，可以作为肥料直接施用，但是由于水分含量高，使用不方便、易造成二次污染等原因而限制了它的使用。高温堆肥是处理鸡粪便的有效方法，通过微生物降解鸡粪便中的有机质，从而产生高温，杀死其中的病原菌，使有机物腐殖质，提高肥效。鸡粪便发酵后就地还田施用，是减轻其环境污染、充分利用农业资源最经济的措施。从我国鸡粪便的利用情况来看，不同鸡粪便使用差异较大。鸡粪由于含有的营养成分比较高、含水量较低，大中型养鸡场、养鸡专业户的鸡粪充分供给农民作为肥料，得到充分的利用。随着集约化养殖业的发展，鸡粪便的日趋集中，以及种植业逐渐转向省工、省力、高效、清洁的栽培模式转变，传统的有机肥料积、制、保、用技术已不能适应现代农业的发展，于是在一些地区也兴建了一批鸡有机肥生产厂。目前用鸡粪便制作有机肥作为资源化利用所占的比例仍较低。

（三）鸡粪用于培养料

1. 培养单细胞

生产出的单细胞可作为蛋白质饲料。

2. 养藻

可供养殖的藻类主要为微型藻，如小球藻、栅列藻、螺旋藻（丝状蓝藻）等。微型藻 2~6 小时即可增长 1 倍，并且富含蛋白质（35%~75%）、必需氨基酸（仅蛋氨酸略低）、维生素（B_1、B_2、B_{12}、C）、色素（叶黄素、胡萝卜素）、矿物质和某些抗生物质，含代谢能 10.46~10.88 兆焦 / 千克，含粗纤维极少（0.5%~0.6%）。

3. 养蚯蚓

人工养殖蚯蚓是一项新兴的事业，它的用途很广，经济价值高，可作为畜、禽、鱼类等的蛋白质饲料，可利用蚯蚓处理城市有机垃圾，化废为肥，消除有机废弃物对环境的污染。蚯蚓粪粒比普通土壤中的氮素多 5 倍，磷多 7 倍，钾多 11 倍，镁多 3 倍，酸碱为中性，并含有丰富的铜、锌、钾、钼、硼等植物生长的微量元素，是一种土壤改良剂，具有增加土壤肥力的作用，蚯蚓还可以作为轻工业的原料，生产美肤剂化妆品。

4. 发酵产沼气

微生物发酵沼气是由多种产甲烷菌和非产甲烷共同产生的，大致可分 3 个阶段，第一阶段是液化阶段，由于各种固体有机物不能进入微生物体内被微生物利用，因此必须在好氧和厌氧微生物分泌的胞外酶和表面酶（纤维素酶、蛋白质酶和脂肪酶）的作用下，将固体有机质分解为分质量较大的单糖、氨基酸、甘油和脂肪酸，这些分质量较小的可溶性物质就可以进入微生物细胞内被进一步分解利用。第二个阶段是产酸阶段，由产氢产乙酸细菌群利用，第一个阶段产生的各种可溶性物质，氧化分解成乙酸，二氧化碳和分子氢等，这一阶段主要产物是乙酸，约占 70% 以上。第三个阶段是产甲烷阶段，由严格厌氧的产甲烷群完成，这个发酵体系庞大而又复杂，一方面产甲烷菌解除了非产甲烷菌生化反应的抑制，另一方面非产甲烷菌提供产甲烷菌生长及产甲烷所需基质，并且创造适宜的氧化还原条件产甲烷菌群与非产甲烷菌群间通过互营联合来保证甲烷的形成。

（四）无害化绿色有机肥生产

以鸡粪和农作物秸秆为主原料，应用多维复合酶菌进行发酵可以生产无公害绿色生态有机肥，多维复合酶菌是由能产生多种酶的耐热性芽孢杆菌群、乳酸菌群、双歧杆菌群、酵母菌群等 106 种有益微生物组成的微生态发酵制剂，对人畜无毒、无污染，使用安全，能固氮、解磷、解钾。同时，还能分解化学农药及化肥的残留物质，对种植业和养殖业有增产、抗病的作用。

（五）用作其他能源

1. 直接燃烧

本法比生产沼气简单易行，只要有专门燃烧畜类的锅炉就行，又基本上不存在残渣处理问题。缺点是：燃烧时产生的烟尘对大气有污染物；粪便须事先干燥，在烘干、晒干过程中产生的恶臭也会污染大气压；冬季需贮备足够的干燥粪便；经济效益低于用作饲料或用作肥料。

2. 发电

用鸡粪发电。世界上第一座以鸡粪为燃料的发电站——英国的艾伊电站早在 1993 年 10 月就投入运转。有关专家认为，尽管鸡粪电站的发电能力比火力电站要小的多，但对发展中国家有吸引力，只要 1 400 万只鸡的鸡粪作燃料，所发的电力就可供 1.2 万人用上 1 年。

第四节 疫病防制的基本原则

中小型规模蛋鸡场的一个特点就是集约化饲养，这样对鸡病预防，特别是对传染病的免疫防治就显得更为重要。否则一旦引起鸡病的发生与流行，将给饲养者造成极大的经济损失。能否预防好传染性疾病的发生，是蛋鸡饲养成败的关键。

鸡病的免疫防制是一项复杂的综合性工程，它的目的是要采取各种措施和方法，保证蛋鸡免遭疾病侵害，尤其是传染病的感染。涉及鸡场建设、环境净化、饲养管理、卫生保健等各个环节。鸡的疾病（传染病）的基本特点是鸡群之间直接接触传染或间接地通过媒介物相互传染；即传染病发生与流行的3个基本环节以及与疾病防治的关系。所以根据传染病发生与流行的特点，掌握流行的基本条件和影响因素，针对鸡病采取综合免疫防制措施，可以有效地控制鸡病的发生和流行。

一、防疫工作的基本原则和内容

（一）防疫的基本原则

建立健全防疫机构和疫病防治制度。树立“预防为主、养防结合、防重于治”的意识。搞好饲养管理、卫生防疫、预防接种、检疫、隔离、防毒等综合性防制措施，以达到提高家禽的健康水平和抗病能力的目的，杜绝和控制传染病的传播和蔓延。只有主动做好平时的预防工作，才能保证养鸡业正常发展。

（二）防制措施的基本内容

在制定免疫防治措施中，要根据每个鸡病的特点，对各个不同的流行环节，分清轻重缓急，找出重点采取措施，以达到在短期内以最少的人力、财力控制传染病的流行。例如：对鸡新城疫等应以预防免疫接种为重点措施，而对传染性鼻炎则以控制病禽和带菌鸡为重点措施。但是任何一项单独措施是不够的，必须采取包括“养、防、检、治”4项基本环节的综合性措施。即分为平时的预防措施和发生疫病时的扑灭措施。

1. 平时的预防措施

加强饲养管理，搞好卫生消毒工作，增强家禽机体的抗病能力，如做好“三定（定饲养员、定时、定量）”“四净（饲料、饮水、鸡舍、器具要洁净）”。贯彻自繁自养原则、减少疫病传播；拟订和实施定期的预防接种计划，保证健康水平，提高抗病力；定期杀虫、灭鼠，消除传染源隐患。

2. 发生疫病时的扑灭措施

及时发现疫病，尽快作出准确的诊断。迅速隔离病鸡，对污染场舍进行紧急消毒；及时用疫苗（或抗血清）实行紧急接种，对病鸡及时进行合理的处理和治疗；对病亡鸡和淘汰病鸡进行合理处理。

当蛋鸡突然死亡或怀疑发生传染病时，应立即通知并配合兽医人员，根据疫病的特点和具体情况，从常用的方法：临床诊断、流行病学诊断、病理学诊断、微生物学诊断和免疫学（血清学）诊断等中确定某一方法或几种方法，及时作出正确的诊断。及时而正确的诊断是防疫工作的重要环节，它关系到能否有效地组织防疫措施。

同时，为了控制传染源，防止健康鸡继续受到传染，将疫情控制在最小范围内予以就地扑灭，应用各种诊断方法，对鸡进行疫病检查，并采取相应的措施。根据诊断结果将鸡分为两类：可疑感染鸡和假定健康鸡群。对病鸡和可疑感染鸡群进行隔离，针对不同情况、不同程度进行处理、药物治疗、紧急免疫接种或预防性治疗；对假定健康鸡群严格隔离饲养，加强防疫消毒和相应的保护措施，并立即进行紧急免疫接种。

当暴发某些重要传染病时，除严格隔离外，还必须遵循“早、快、严、小”的原则，采取划区封锁措施以防止疫病向安全区扩散。

值得一提的是，对患传染病病鸡，采用特异性高免血清治疗和抗生素治疗结束后，还应隔离一段时间检查疗效，同时对隔离场所再进行一次彻底清扫、消毒。

以上预防措施和扑灭措施是不能截然分开的，而是相互联系、互相配合和互为补充的。

二、科学的饲养管理

重视家禽饲养管理的各个环节，对于培育健康鸡群，增强鸡的抗病能力作用很大。

（一）合理配制日粮，保持良好的营养状况

根据家禽生长发育和生产性能合理配制日粮，确保家禽获得全面、充足的营养。健康、体壮的鸡群直接影响家禽的生长发育，也是对疫苗接种产生良好免疫反应的基础。疫苗接种后要产生高水平的抗体，不仅要注意饲料各营养成分、品种、生产阶段、季节需要量等发生改变，更要注意维生素（如维生素A、维生素E、维生素D）与微

量元素（如硒、锗），因为它们与鸡体的免疫系统发育及疫苗的应答关系最密切，同时也要防止饲料中毒素（如黄曲霉、药物、毒物）的存在。确保家禽日粮营养全价，保证家禽机体对疫苗的免疫应答能力，提高机体免疫机能。

（二）加强管理，减少应激，创造良好的环境

理想的鸡舍环境是减少疾病，培育健康鸡群，提高生产性能最有效的办法之一，而现代养禽生产中各种环境因素引起的应激，与鸡病防治关系越来越密切。引起应激的环境因素常分两大类：一类是静态环境因子的变化，包括营养、温度、湿度、密度、光照、空气成分、饮水成分不合格，也包括有害兽、昆虫、疾病的侵袭；另一类是生产管理措施，如转群、断喙、接种疫苗、选种、检疫、运输、更换饲料、维修设备等。而日常饲养管理是预防应激的最重要一环，日常饲养管理主要包括温度控制、通风换气、饲料和饮水供应、清洁卫生等项工作。冬季保温、夏季防暑、春秋两季注意气温骤变，加强通风换气，疏通舍内有害气体。育雏阶段“五防”：防寒、防潮、防挤压、防疫病、防脏；喂料要定时、定量、定质；饲养人员要“四勤”：勤观察、勤检查、勤清扫、勤消毒；光照时间、光照强度；料槽、水槽的维修与清扫等。

三、检疫

检疫是指用各种诊断方法对禽类及其产品进行疫病检查，及时发现病禽，采取相应措施，防止疫病的发生和传播。作为鸡场，检疫的主要任务是杜绝病鸡入场，对本场鸡群进行监测，及早发现疫病，及时采取控制措施。

（一）引进鸡群和种蛋的检疫

从外面引进雏鸡或种蛋时，必须了解该种鸡场或孵化场的疫情和饲养管理情况，要求无垂直传播的疾病如白痢、霉形体病等。有条件的进行严格的血清学检查，以免将病带入场内。进场后严格隔离观察，一旦发现疫情，立即进行处理。只有通过检疫和消毒，隔离饲养20~30天确认无病才准进入统舍。

（二）平时定期的检疫与监测

对危害较大的疫病，根据本场情况应定期进行监测。如常见的鸡新城疫、产蛋下降综合征可采用血凝抑制试验检测鸡群的抗体水平；马立克氏病、传染性法氏囊病、禽霍乱采用琼脂扩散试验检测；鸡白痢可采用平板凝集法和试管凝集法进行检测。种鸡群的检疫更为重要，是鸡群净化的一个重要步骤，如对鸡白痢的定期检疫，发现阳性鸡只立即淘汰，逐步建立无白痢的种鸡群。除采血进行监测之外，有实验室条件的，还可定期对网上粪便，墙壁灰尘抽样进行微生物培养，检查病原微生物的存在与否。

（三）有条件的，可对饲料、水质和舍内空气监测

每批购进的饲料，除对饲料能量、蛋白质等营养成分检测外，还应对其含沙门氏菌、大肠杆菌、葡萄球菌、霉菌及其有毒成分检测；对水中含细菌指数的测定；对鸡舍空气中含氨气、硫化氢和二氧化碳等有害气体的浓度的测定等。

四、药物预防

在我国饲养环境条件下，免疫和环境控制虽然是预防与控制疾病的主要手段，但在实际生产中，还存在着许多可变因素，如季节变化、转群、免疫等因素容易造成鸡群应激，导致生产指标波动或疾病的暴发。因此在日常管理中，养殖户需要通过预防性投药和针对性治疗，以减少条件性疾病的发生或防止继发感染，确保鸡群高产、稳产。

（一）用药目的

1. 预防性投药

当鸡群存在以下应激因素时需预防性投药。

（1）环境应激。季节变换，环境突然变化，温度、湿度、通风、光照突然改变，有害气体超标等。

（2）管理应激。包括限饲、免疫、转群、换料、缺水、断电等。

（3）生理应激。雏鸡抗体空白期、开产期、产蛋高峰期等。

2. 条件性疾病的治疗

当鸡群因饲养管理不善，发生条件性疾病时，如大肠杆菌病、呼吸道疾病、肠炎等，及时针对性投放敏感药物，使鸡群在最短时间内恢复健康。

3. 控制疾病的继发感染

任何疫病都是严重的应激危害因素，可诱发其他疾病同时发生。如鸡群发生病毒性疾病、寄生虫病、中毒性疾病等，易造成抵抗力下降，容易继发条件性疾病，此时通过预防性药物，可有效降低损失。

（二）药物的使用原则

1. 预防为主、治疗为辅

要坚持预防为主的原则。制定科学的用药程序，搞好药物预防、驱虫等工作。有的传染病只能早期预防，不能治疗，要做到有计划、有目的地适时使用疫（菌）苗进行预防，及时搞好疫（菌）苗的免疫注射，搞好疫情监测。尽量避免蛋鸡发病用药，确保鸡蛋健康安全、无药物残留。必要时可添加作用强、代谢快、毒副作用小、残留最低的非人用药品和添加剂，或以生物制剂作为治病的药品，控制疾病的发生发展。

要坚持治疗为辅的原则。确需治疗时，在治疗过程中，要做到合理用药，科学用药，对症下药，适度用药，只能使用通过认证的兽药和饲料厂生产的产品，避免产生药物残留和中毒等不良反应。尽量使用高效、低毒、无公害、无残留的“绿色兽药”，不得滥用。

2. 确切诊断，正确掌握适应症

对于养鸡生产中出现的各种疾病要正确诊断，了解药理，及时治疗，对因对症下药，标本兼治。目前养鸡生产中的疾病多为混合感染，极少是单一疾病，因此用药时要合理联合用药，除了用主药之外，还要用辅药，既要对症，还要对因。

对那些不能及时确诊的疾病，用药时应谨慎。由于目前鸡病太多、太复杂，疾病的临床症状、病理变化越来越不典型，混合感染，继发感染增多，很多病原发生抗原漂移、抗原变异，病理材料无代表性，加上经验不足等原因，鸡群得病后不能及时确诊的现象比较普遍。在这种情况下应尽量搞清是细菌性疾病、病毒性疾病、营养性疾病还是其他原因导致的疾病，只有这样才能在用药时不会出现较大偏差。在没有确诊时用药时间不宜过长，用药 3~4 天无效或效果不明显时，应尽快停（换）药进行确诊。

3. 适度剂量，疗程要足

剂量过小，达不到预防或治疗效果；剂量过大，造成浪费、增加成本、药物残留、中毒等；同一种药物不同的用药途径，其用药剂量也不同；同一种药物用于治疗的疾病不同，其用药剂量也应不同。用药疗程一般 3~5 天，一些慢性疾病，疗程应不少于 7 天，以防复发。

4. 用药方式不同，其方法不同

饮水给药要考虑药物的溶解度、鸡的饮水量、药物稳定性和水质等因素，给药前要适当停水，有利于提高疗效；拌料给药要采用逐级稀释法，以保证混合均匀，以免局部药物浓度过高而导致药物中毒。同时注意交替用药或穿梭用药，以免产生耐药性。

5. 注意并发症，有混合感染时应联合用药

现代鸡病的发生多为混合感染，并发症比较多，在治疗时经常联合用药，一般使用两种或两种以上药物，以治疗多种疾病。如治疗鸡呼吸道疾病时，抗生素应结合抗病毒的药物同时使用，效果更好。

6. 根据不同季节、日龄与发育特点合理用药

冬季防感冒、夏季防肠道疾病和热应激。夏季饮水量大，饮水给药时要适当降低用药浓度；而采食量小，拌料给药时要适当增加用药浓度。育雏、育成、产蛋期要区别对待，选用适宜不同时期的药物。

7. 接种疫苗期间慎用免疫抑制药物

鸡只在免疫期间，有些药物能抑制鸡的免疫效果，应慎用。如磺胺类、四环素类、甲砜霉素等。

8. 用药时辅助措施不可忽视

用药时还应加强饲养管理，因许多疾病是因管理不善造成的条件性疾病，如大肠杆菌病、寄生虫病、葡萄球菌病等，在用药的同时还应加强饲养管理，搞好日常消毒工作，保持良好的通风，适宜的密度、温度和光照，只有这样才能提高总体治疗疗效。

9. 根据养鸡生产的特点用药

禽类对磺胺类药的平均吸收率较其他动物要高，故不宜用量过大或时间过长，以免造成肾脏损伤。禽类缺乏味觉，故对苦味药、食盐颗粒等照食不误，易引起中毒。禽类有丰富的气囊，气雾用药效果更

好。禽类无汗腺用解热镇痛药抗热应激，效果不理想。

10. 对症下药的原则

不同的疾病用药不同，同一种疾病也不能长期使用同一种药物进行治疗，最好通过药敏试验有针对性的投药。

同时，要了解目前临床上常用药和敏感药。目前常用药物有抗大肠杆菌、沙门氏菌药；抗病毒药；抗球虫药等，选择药物时，应根据疾病类型有针对性使用。

（三）常用的给药途径及注意事项

1. 拌料给药

给药时，可采用分级混合法，即把全部的用药量拌加到少量饲料中（俗称“药引子”），充分混匀后再拌加到计算所需的全部饲料中，最后把饲料来回折翻最少 5 次，以达到充分混匀的目的。

拌料给药时，严禁将全部药量一次性加入到所需饲料中，以免造成混合不匀而导致鸡群中毒或部分鸡只吃不到药物。

2. 饮水给药

选择可溶性较好的药物，按照所需剂量加入水中，搅拌均匀，让药物充分溶解后饮水。对不容易溶解的药物可采用适当加热或搅拌的方法，促进药物溶解。

饮水给药方法简便，适用于大多数药物，特别是能发挥药物在胃肠道内的作用；药效优于拌料给药。

3. 注射给药

分皮下注射和肌内注射两种方法。药物吸收快，血药浓度迅速升高，进入体内的药量准确，但容易造成组织损伤、疼痛、潜在并发症、不良反应出现迅速等，一般用于全身性感染疾病的治疗。

但应当注意，刺激性强的药物不能做皮下注射；药量多时可分点注射，注射后最好用手对注射部位轻度按摩；多采用腿部肌内注射，肌内注射时要做到轻、稳、不宜太快，用力方向应与针头方向一致，勿将针头刺入大腿内侧，以免造成瘫痪或死亡。

4. 气雾给药

将药物溶于水中，并用专用的设备进行气化，通过鸡的自然呼吸，使药物以气雾的形式进入体内。适用于呼吸道疾病给药；对鸡舍环境条件要求较高；适合于急慢性呼吸道病和气囊炎的治疗。

因呼吸系统表面积大，血流量多，肺泡细胞结构较薄，故药物极易吸收。特别是可以直接进入其他给药途径不易到达的气囊。

五、免疫预防

制定科学的免疫程序，定期接种疫（菌）苗，增强蛋鸡产生特异性抵抗力，这也是综合性防治措施的一部分。

六、隔离和消毒

严格执行消毒制度，杜绝一切传染源是确保鸡群健康、防止生产性能低下的一项重要措施。随着鸡场建场时间的不断增加和实行高度集约化的饲养，自身的污染将会日趋严重，鸡场内部和外部环境之间的疾病传播也会大大增加，使得疫病很难防治。所以，这就要求鸡场内、外的卫生防疫消毒必须严格而周密，稍有疏忽，就会造成疾病发生，进而造成鸡场生产经营的重大损失。对此，要制定一套完整的消毒、卫生防疫程序和措施，与兽医防疫制度配合使用，要求全场干部职工认真贯彻执行。

鸡的疾病一般是通过两种途径传播，鸡与鸡之间的传播称为水平传播，这种传播包括病鸡、被污染的饲料、垫草、饮水、空气、老鼠、鸟类、人等传播。另一种方式是母鸡通过鸡蛋将病原体传播给子代，称为垂直传播。这些疾病包括鸡白痢、霉形体等。鸡场消毒，就是通过消毒的方式，切断病源的传播途径、消除病原微生物，达到防病目的。

技能训练

鸡肌内注射、皮下注射、点眼滴鼻、刺种、饮水、喷雾等免疫接种操作要领。

【目的要求】掌握各种免疫接种的基本方法与技能。

【实训条件】雏鸡、成年鸡各若干只，马立克氏苗、新城疫Ⅳ系苗、鸡痘疫苗。

【操作方法】根据本章第二节常用免疫接种方法的要求，对雏鸡进行马立克氏病苗皮下注射，对成年鸡进行新城疫Ⅳ系苗点眼、滴鼻、饮水、喷雾免疫，鸡痘疫苗刺种的实际操作。

【考核标准】

1. 操作方法正确，手法熟练。
2. 疫苗稀释方法正确，剂量准确。
3. 免疫接种准确无误。
4. 在规定时间内完成操作。

思考与练习

1. 什么叫生物安全？ 鸡场建立生物安全体系的主要措施有哪些？
2. 疫苗保存、运输应该注意哪些问题？
3. 简述马立克氏病疫苗、新城疫 IV 系疫苗、传染性法氏囊病疫苗、传染性支气管炎疫苗、鸡痘鹌鹑化弱毒疫苗的特点与使用方法。

主要参考文献

[1] 李连任 . 图解蛋鸡的信号与饲养管理 [M]. 北京：化学工业出版社 . 2015.

[2] 魏茂颖 . 一本书读懂安全养蛋鸡 [M]. 北京：化学工业出版社 .2017.

[3] Monique Bestman，等 . 马闯，马海艳，译 . 蛋鸡的信号 [M]. 北京：中国农业科学技术出版社 . 2014.